2020年中国核与辐射安全监管数据报告

生态环境部核与辐射安全中心　编著

中国原子能出版社

图书在版编目（CIP）数据

2020年中国核与辐射安全监管数据报告 / 生态环境部核与辐射安全中心编著. — 北京：中国原子能出版社，2022.11

ISBN 978-7-5221-2457-5

Ⅰ. ①2… Ⅱ. ①生… Ⅲ. ①核安全-辐射防护-研究报告-中国-2020 Ⅳ. ①TL7

中国版本图书馆 CIP 数据核字(2022)第236141号

2020 年中国核与辐射安全监管数据报告

出版发行 中国原子能出版社（北京市海淀区阜成路 43 号 100048）
责任编辑 徐 明
责任校对 冯莲凤
责任印制 赵 明
装帧设计 崔 彤
印 刷 北京九州迅驰传媒文化有限公司
开 本 787 mm×1092 mm 1/16
印 张 7.75
字 数 189 千字
版 次 2022 年 11 月第 1 版 2022 年 11 月第 1 次印刷
书 号 ISBN 978-7-5221-2457-5
定 价 **88.00** 元

发行电话：010-68452845

本书编委会

主　　任：周启甫

委　　员：王承智　罗朝晖

本书编写者

主　　编：李　晶

副 主 编：卞玉芳

编写组成员：潘昕怿　兰　兵　王业辉　依　岩　王　璐
王　喆　杨晓伟　陶威锭　魏方欣　李小龙
许　莹　曹芳芳　潘玉婷　王　岩　邓　冬
金　刚　韩冬傲　吴晓燕　张　彦　田　丰
陈方强　田　宇　张意腾　张巧娥　龚　宇
安洪振　张　玮　张　鸥　曾　超　封　祎
逯馨华　余少青　韩福春　宋培峰　戴文博
等

本书编写情况

前　　言　李　晶

第一部分　监管对象

第一章整体情况：李晶；

第二章核电厂：第一节概况：潘昕怿、兰兵、王业辉、依岩、王璐；第二节发展情况：兰兵、潘昕怿、王业辉、依岩；第三节安全情况：王喆、王业辉；

第三章研究堆和临界装置：第一节概况：王喆；第二节安全情况：王喆；

第四章核燃料循环设施：第一节概况：杨晓伟；第二节安全情况：杨晓伟；

第五章铀矿和伴生放射性矿：陶威锭；

第六章放射性废物处理、贮存和处置设施：第一节概况：魏方欣；第二节运行情况：李小龙；

第七章核技术利用：许莹；

第八章放射性物品运输：第一节概况：曹芳芳；第二节一类放射性物品运输情况统计：潘玉婷；

第九章民用核安全设备监管：第一节民用核安全设备单位基础数据：王岩、邓冬；第二节进口民用核安全设备安全检验：金刚、韩冬傲。

第二部分　监管活动

第一章整体情况：李晶；

第二章监管体系建设：吴晓燕；

第三章核与辐射事故应急管理：张彦；

第四章人员资质管理：

第一节民用核设施操纵人员：田丰；第二节核安全设备特种工艺人员：张意腾；第三节注册核安全工程师：陈方强；

第五章法规标准：第一节概况：田宇、张巧娥；第二节核与辐射安全法规体系：张巧娥、田宇；第三节核与辐射安全标准：田宇；

第六章政策规划：龚宇、安洪振；

第七章核安全文化评估：张玮；

第八章对外合作：张鸥、曾超、封祎、逯馨华、余少青、韩福眷；

第九章信息公开与公众沟通：宋培峰、戴文博。

前　　言

2020 年，我国核能与核技术利用事业蓬勃发展，新技术、新堆型、新设施、新装备不断涌现。与此同时，我国核与辐射安全许可、审评、监督、监测和应急等工作急剧增加、日益繁重，对核与辐射安全监管工作提出了更高更新的要求。为了积极应对核与辐射安全的新形势和新挑战，我国核与辐射安全监管工作扎实开展、卓有成效。2020 年，我国民用核设施的运行安全和建造质量处于良好状态，运行核电厂、研究堆、核燃料循环设施、放射性废物贮存和处理处置设施以及放射性物品运输活动均未发生国际核事件分级表（INES）2 级及以上安全事件或事故，核设施的运行事件和建造事件得到妥善处理。2020 年，全国辐射环境质量总体良好，核设施周围环境电离辐射水平、电磁辐射发射设施周围环境电磁辐射水平总体无明显变化。

在生态环境部（国家核安全局）指导下，生态环境部核与辐射安全中心对我国核与辐射安全数据进行了较为全面的收集和整理，形成了《2020 年中国核与辐射安全监管数据报告》，旨在推动公众全面了解我国核能与核技术利用事业发展情况及相关监管工作开展情况。

本书分为两部分。第一部分监管对象包括核电厂、研究堆和临界装置、核燃料循环设施、铀矿和伴生放射性矿、放射性废物处理、贮存和处置设施、核技术利用、放射性物品运输和民用核安全设备监管等章节。第二部分监管活动包括监管体系建设、核与辐射事故应急管理、人员资质管理、法规标准、政策规划、核安全文化、对外合作、信息公开与公众沟通等章节。统计数据不含港澳台地区。由于数据来源及编者水平有限，难免出现错误及疏漏，不当之处敬请各位领导、专家批评指正。

目　录

第一部分　监管对象

第二部分　监管活动

第一部分　监管对象

第一章　整体情况

2020 年，我国核能与核技术利用事业蓬勃发展，新技术、新堆型、新设施、新装备不断涌现。与此同时，我国核与辐射安全许可、审评、监督、监测和应急等工作急剧增加、日益繁重，对核与辐射安全监管工作提出了更高更新的要求。为了积极应对核与辐射安全的新形势和新挑战，我国核与辐射安全监管工作扎实开展、卓有成效。2020 年，我国核能与核技术利用事业始终保持良好的安全业绩，未发生国际核事件分级表（INES）中 2 级及以上事件和事故，核电安全达到国际先进水平。放射源辐射事故发生率不断降低，研究堆和核燃料循环设施保持良好安全记录。

截至 2020 年 12 月 31 日，我国共有运行核电机组 49 台，在建核电机组 15 台。运行机组合计额定装机容量 51 027. 16 MW，累计运行 407. 4 堆年，商运核电机组累计发电量 3 662. 43 亿 kWh，在全国发电量占比 4. 94%，相当于节约燃煤 11 188. 7 万 t，CO_2 减排 29 314. 5 万 t，SO_2 减排 95. 1 万 t，NO_X 减排 82. 8 万 t。2020 年，我国核电机组平均负荷因子为 84. 55%，平均能力因子为 92. 95%。我国有 2 台核电机组并网运行，分别是田湾 5 号机组、福清 5 号机组，运行机组总数达到 49 台。目前国内在建机组 15 台，规模居世界首位。

2020 年，我国各商运核电厂严格控制机组的运行风险，继续保持安全、稳定运行，未发生较大及以上安全生产事件、环境事件、辐射污染事件，未发生火灾爆炸事故，未发生职业病危害事故；全年共向生态环境部（国家核安全局）报告运行事件 20 起，其中 19 起为 INES 0 级事件、1 起为 INES 1 级事件。2020 年，我国核电机组建造过程中发生的建造事件共计 21 项。2020 年，我国运行核电厂未发生危及公众和环境安全的放射性事件。监测结果表明，各核电厂三道安全屏障的完整性全年均处于良好状态。

2020 年，全国 19 座在役研究堆（临界装置）中，9 座运行（含调试）、1 座安全关闭、4 座长期停堆、5 座未开堆运行。2020 年全年共报告 9 起运行事件，均未对反应堆厂房外环境造成不良后果。

截至 2020 年 12 月 31 日，我国主要的民用核燃料生产、加工、贮存设施共计 19 个。2020 年，我国在役核燃料生产、加工、贮存和后处理设施安全运行，继续保持良好的安全记录，在建设施建造质量得到有效控制。核燃料循环设施的核与辐射安全可控，未对工作人员、公众和环境造成不可接受的核与辐射危害。

2020 年，生态环境部（国家核安全局）对中核通辽铀业有限责任公司钱家店铀矿床钱Ⅳ块地浸采铀工程等 10 个铀矿冶及铀地质勘探项目进行了环评审批，核与辐射安全中心开展相应审评活动 22 项。

截至 2020 年 12 月 31 日，我国已建成运行的放射性废物处置设施 3 个、核电厂配套的放射性废物处理设施 42 个、贮存设施 27 个；研究堆配套的放射性废物处理设施 10 个、贮存设施 5 个；核燃料循环设施配套的放射性废物处理设施 9 个、贮存设施 5 个；独立的放射性废物处理设施 2 个、独立的放射性废物贮存设施 1 个。

截至 2020 年 12 月 31 日，我国国内共计有 33 个一类放射性物品运输容器的设计（含国外容器在中国境内的使用）批准；持有一类放射性物品运输容器制造许可的制造单位共计 8 家，共计 30 家托运人从事的一类放射性物品的运输活动。

截至 2020 年 12 月 31 日，全国从事生产、销售、使用放射性同位素和射线装置的单位共 80 414 家，其中，生产、销售、使用放射性同位素的单位 9 755 家；仅生产、销售、使用射线装置的单位共有 70 659 家。在用放射源 149 452 枚（其中Ⅰ类放射源 15 325 枚、Ⅱ类放射源 17 253 枚、Ⅲ类放射源 1 833 枚、其他放射源 115 041 枚）；各类射线装置 205 280 台。各省、自治区、直辖市城市放射性废物库已收贮废旧放射源 56 561 枚，已转运或收贮至国家放射源集中暂存库及由生产厂家回收的废旧放射源共 146 648 枚。

截至 2020 年 12 月 31 日，我国国内持有民用核安全设备设计、制造、安装和无损检验许可证的单位共计 216 家，民用核安全设备活动境外单位注册登记确认书持证单位共计 179 家。截至 2020 年 12 月 31 日，共有 52 家报检单位向生态环境部（国家核安全局）提交了 3 399 批次口岸申报文件、2 718 批次开箱申报文件、2 250 批次安全检验申报文件。安全检验中发现的问题量处在可控范围内。

第二章　核电厂

第一节　概况

截至 2020 年 12 月底，我国共有运行商用堆 49 台，在建商用堆 15 台；运行机组合计额定装机容量 51 027.16 MW，累计运行 407.4 堆年，商运核电机组累计发电量 3 662.43 亿 kWh，在全国发电量占比 4.94%，相当于节约燃煤 11 188.7 万 t，CO_2 减排 29 314.5 万 t，SO_2 减排 95.1 万 t，NO_x 减排 82.8 万 t。2020 年，我国核电机组平均负荷因子为 84.55%，平均能力因子为 92.95%。我国核电机组基本情况如表 1 所示。

1. 在建与运行核电厂

表 1　我国核电机组基础数据总表（截至 2020 年 12 月底）

地理位置	核电厂名称	机组号	代码/编号	当前状态	FCD 日期	首临界日期	并网日期	商运日期	反应堆堆型	装机容量/MW	热功率/MW	发电效率/%	截至 2020 年底累计运行堆年	2020 年实际发电量/亿 kWh	2020 年核电机组平均能力因子/%	2020 年核电机组平均负荷因子/%
福建	宁德	1	CN18	运行	2008/2/18	2012/11/24	2012/12/28	2013/4/15	M310 翻版加改进型	1 089	2 905	37.49	8.02	79.61	91.39	83.22
		2	CN19	有核	2008/11/12	2013/12/20	2014/1/4	2014/5/4	M310 翻版加改进型	1 089	2 905	37.49	7.00	86.4	99.99	90.32
		3	CN34	运行	2010/1/8	2015/3/8	2015/3/21	2015/6/10	M310 翻版加改进型	1 089	2 905	37.49	5.79	83.59	96.73	87.38
		4	CN35	运行	2010/9/29	2016/3/16	2016/3/29	2016/7/21	M310 翻版加改进型	1 089	2 905	37.49	4.76	77.92	91.22	81.46
	福清	1	CN20	运行	2008/11/21	2014/7/24	2014/8/20	2014/11/22	M310 翻版加改进型	1 089	2 905	37.49	6.37	89.55	99.30	93.61
		2	CN21	运行	2009/6/17	2015/7/22	2015/8/6	2015/10/16	M310 翻版加改进型	1 089	2 905	37.49	5.41	83.78	92.02	87.58
		3	CN42	运行	2010/12/31	2016/7/3	2016/9/7	2016/10/24	M310 翻版加改进型	1 089	2 905	37.49	4.32	78.5	89.69	82.06
		4	CN43	运行	2012/11/17	2017/7/16	2017/7/29	2017/9/17	M310 翻版加改进型	1 089	2 905	37.49	3.43	71.74	92.47	75.00
		5	CN51	运行	2015/5/7	2020/10/21	2020/11/27	2021/1/30	华龙一号	1 150	3 060	37.58	0.095 89	1.46	/	/
		6	CN52	建造	2015/12/22				华龙一号	1 150	3 060	37.58				
	漳州	1		建造	2019/10/16				华龙一号	1 212	3 180	38.11				
		2		建造	2020/9/4				华龙一号	1 212	3 190	37.99				

续表

地理位置	核电厂名称	机组号	代码/编号	当前状态	FCD 日期	首临界日期	并网日期	商运日期	反应堆堆型	装机容量/MW	热功率/MW	发电效率/%	截至2020年底累计运行堆年	2020年实际发电量/亿 kWh	2020年核电机组平均能力因子/%	2020年核电机组平均负荷因子/%
广东	阳江	1	CN22	运行	2008/12/16	2013/12/23	2013/12/31	2014/3/25	M310 翻版加改进型	1 086	2 905	37.38	7.01	86.66	98.50	90.84
		2	CN23	运行	2009/6/4	2015/3/2	2015/3/10	2015/6/5	M310 翻版加改进型	1 086	2 905	37.38	5.82	69.55	85.96	72.91
		3	CN40	运行	2010/11/15	2015/10/11	2015/10/18	2016/1/1	M310 翻版加改进型	1 086	2 905	37.38	5.21	70.33	85.51	73.73
		4	CN41	运行	2012/11/17	2016/12/30	2017/1/8	2017/3/15	M310 翻版加改进型	1 086	2 905	37.38	3.98	84.92	96.18	89.02
		5	CN47	运行	2013/9/18	2018/5/16	2018/5/23	2018/7/12	ACPR1000	1 086	2 905	37.38	2.61	78.12	92.64	81.89
		6	CN48	运行	2013/12/23	2019/6/22	2019/6/29	2019/7/24	ACPR1000	1 086	2 905	37.38	1.51	63.49	81.82	66.56
	大亚湾	1	CN02	运行	1987/8/7	1993/7/28	1993/8/31	1994/2/1	M310	984	2 905	33.87	27.36	87.86	99.99	101.65
		2	CN03	运行	1988/4/7	1994/1/21	1994/2/7	1994/5/6	M310	984	2 905	33.87	26.92	78.15	89.21	90.42
	岭澳	1	CN06	运行	1997/5/15	2002/2/4	2002/2/26	2002/5/28	M310	990	2 905	34.08	18.86	78.88	99.99	90.71
		2	CN07	运行	1997/11/28	2002/8/27	2002/9/14	2003/1/8	M310	990	2 905	34.08	18.31	73.21	89.17	84.19
		3	CN12	运行	2005/12/15	2010/6/9	2010/7/15	2010/9/15	M310 翻版加改进型	1 086	2 905	37.38	10.47	80.34	90.71	84.22
		4	CN13	运行	2006/6/15	2011/2/25	2011/5/3	2011/8/7	M310 翻版加改进型	1 086	2 905	37.38	9.67	78.09	92.77	81.86
	太平岭	1		建造	2019/12/26				华龙一号	1 212	3 180	38.11				
		2		建造	2020/10/15				华龙一号	1 202	3 190	37.68				
	台山	1	CN32	运行	2009/11/18	2018/6/6	2018/6/29	2018/12/13	EPR	1 750	4 590	38.13	2.51	97.65	71.56	63.52
		2	CN33	运行	2010/4/15	2019/5/28	2019/6/26	2019/9/7	EPR	1 750	4 590	38.13	1.52	133.53	97.71	86.87

续表

地理位置	核电厂名称	机组号	代码/编号	当前状态	FCD 日期	首临界日期	并网日期	商运日期	反应堆堆型	装机容量/MW	热功率/MW	发电效率/%	截至2020年底累计运行堆年	2020年实际发电量/亿 kWh	2020年核电机组平均能力因子/%	2020年核电机组平均负荷因子/%
广西	防城港	1	CN38	运行	2010/7/30	2015/10/13	2015/10/25	2016/1/1	M310 翻版加改进型	1 086	2 905	37. 38	5. 19	84. 35	91. 20	88. 42
		2	CN39	运行	2010/12/23	2016/6/29	2016/7/15	2016/10/1	M310 翻版加改进型	1 086	2 905	37. 38	4. 47	84. 03	91. 98	88. 09
		3	CN53	建造	2015/12/24				华龙一号	1 180	3 150	37. 46				
		4	CN54	建造	2016/12/23				华龙一号	1 180	3 150	37. 46				
海南	昌江	1	CN36	运行	2010/4/25	2015/10/12	2015/11/7	2015/12/25	CNP650	650	1 930	33. 68	5. 16	48. 92	90. 83	85. 68
		2	CN37	运行	2010/11/21	2016/6/9	2016/6/20	2016/8/12	CNP650	650	1 930	33. 68	4. 54	46. 71	93. 07	81. 81
江苏	田湾	1	CN10	运行	1999/10/20	2005/12/20	2006/5/12	2007/5/17	VVER1000	1 060	3 000	35. 33	14. 65	79. 96	89. 57	85. 88
		2	CN11	运行	2000/9/20	2007/5/1	2007/5/14	2007/8/16	VVER1000	1 060	3 000	35. 33	13. 65	83. 7	98. 56	89. 89
		3	CN45	运行	2012/12/27	2017/9/29	2017/12/30	2018/2/15	VVER1000	1 126	3 000	37. 53	3. 01	77. 41	91. 28	78. 26
		4	CN46	运行	2013/9/27	2018/9/30	2018/10/27	2018/12/22	VVER1000	1 126	3 000	37. 53	2. 18	83. 37	95. 39	84. 29
		5	CN55	运行	2015/12/27	2020/7/27	2020/8/8	2020/9/8	ACPR1000	1 118	2 905	38. 49	0. 40	30. 95	100. 00	79. 01
		6	CN56	建造	2016/9/7				ACPR1000	1 118	2 905	38. 49				
辽宁	红沿河	1	CN16	运行	2007/8/18	2013/6/16	2013/2/17	2013/6/6	M310 翻版加改进型	1 118. 79	2 905	38. 51	7. 88	84. 41	91. 09	85. 89
		2	CN17	运行	2008/3/28	2013/10/24	2013/11/23	2014/5/13	M310 翻版加改进型	1 113. 79	2 905	38. 51	7. 11	83. 07	90. 88	84. 53
		3	CN26	运行	2009/3/7	2014/10/27	2015/3/23	2015/8/16	M310 翻版加改进型	1 113. 79	2 905	38. 51	5. 78	74. 33	99. 78	75. 64
		4	CN27	运行	2009/8/15	2016/3/5	2016/4/1	2016/9/19	M310 翻版加改进型	1 113. 79	2 905	38. 51	4. 76	85. 22	92. 74	86. 72
		5	CN49	建造	2015/3/29				ACPR1000	1 119	2 905	38. 52				
		6	CN50	建造	2015/7/24				ACPR1000	1 119	2 905	38. 52				

续表

地理位置	核电厂名称	机组号	代码/编号	当前状态	FCD 日期	首临界日期	并网日期	商运日期	反应堆堆型	装机容量/MW	热功率/MW	发电效率/%	截至2020年底累计运行堆年	2020年实际发电量/亿 kWh	2020年核电机组平均能力因子/%	2020年核电机组平均负荷因子/%
山东	海阳	1	CN30	运行	2009/9/24	2018/8/8	2018/8/17	2018/10/22	AP1000	1 253	3 415	36.69	2.38	93.62	86.73	85.06
		2	CN31	运行	2010/6/20	2018/9/29	2018/10/13	2019/1/9	AP1000	1 253	3 415	36.69	2.22	96.89	90.05	88.03
	石岛湾	1		建造	2019/4/6				CAP1400	1 500	4 058	36.96				
		2		建造	2019/11/1				CAP1400	1 500	4 058	36.96				
	石岛湾	1	CN44	建造	2012/12/9				HTR-PM	211	500	42.20				
浙江	三澳	1		建造	2020/12/31				华龙一号	1 200						
		2		建造					华龙一号	1 200						
	秦山	1	CN01	运行	1985/3/20	1991/10/31	1991/12/15	1994/4/1	CNP300	330	966	34.16	29.07	26.82	92.20	92.52
	秦山第二核电厂	1	CN04	运行	1996/6/2	2001/11/15	2002/2/6	2002/4/15	CNP650	650	1 930	33.68	18.92	55.66	99.96	97.48
		2	CN05	运行	1997/4/1	2004/2/25	2004/3/11	2004/5/3	CNP650	650	1 930	33.68	16.82	52.02	92.34	91.11
		3	CN14	运行	2006/4/28	2010/7/13	2010/8/1	2010/10/5	CNP650	660	1 930	34.20	10.43	50.63	90.43	87.33
		4	CN15	运行	2007/1/28	2011/11/17	2011/11/25	2011/12/30	CNP650	660	1 930	34.20	9.11	56.24	99.97	97.01
	秦山第三核电厂	1	CN08	运行	1998/6/8	2002/9/21	2002/11/19	2002/12/31	CANDU700	728	2 064	35.27	18.13	60.68	99.93	94.89
		2	CN09	运行	1998/9/25	2003/1/18	2003/6/12	2003/7/24	CANDU700	728	2 064	35.27	17.57	55.96	91.04	87.51
	方家山	1	CN24	运行	2008/12/26	2014/10/21	2014/11/4	2014/12/15	M310 翻版加改进型	1 089	2 905	37.49	6.16	76.76	89.78	80.24
		2	CN25	运行	2009/7/17	2014/12/25	2015/1/12	2015/2/12	M310 翻版加改进型	1 089	2 905	37.49	5.98	88.26	99.96	92.27
	三门	1	CN28	运行	2009/4/19	2018/6/21	2018/6/30	2018/9/21	AP1000	1 251	3 400	36.79	2.51	94.46	88.18	85.96
		2	CN29	运行	2009/12/15	2018/8/17	2018/8/24	2018/11/5	AP1000	1 251	3 400	36.79	2.36	94.67	99.99	86.15

备注：

1. 核电机组负荷因子等于核电机组在统计期内的实际发电量除以机组装机容量参考发电量；
2. 在建核电机组指获得国家核安全局颁发的建造许可证，未取得运行许可证的机组；
3. 文中相关数据来源于国家统计局、中国电力企业联合会、核能行业协会、地方统计局和国际原子能机构（IAEA）

2. 拟建核电厂

拟建核电厂基本信息见表 2。

表 2　拟建核电厂基本信息

序号	核电厂	机组
1	江苏田湾核电厂	7、8 号机组
2	辽宁徐大堡核电厂	3、4 号机组
3	国家电投黑龙江佳木斯核能供热示范项目	

第二节　发展情况

1. 核电机组数量

截至 2020 年年底，我国运行和在建核电机组（不含 CEFR 实验快堆，霞浦 1、2 号示范快堆）共计 64 台，仅次于美国。2020 年，我国有 2 台核电机组并网运行，分别是田湾 5 号机组、福清 5 号机组，运行机组总数达到 49 台。目前国内在建机组 15 台，规模居世界首位。其中，2016—2018 年核电项目“零核准”，2019 年有漳州 1、2 号，太平岭 1、2 号等核电机组核准建设，2020 年有三澳 1、2 号，昌江 3、4 号共 4 台核电机组核准建设，发展趋势如图 1 所示。

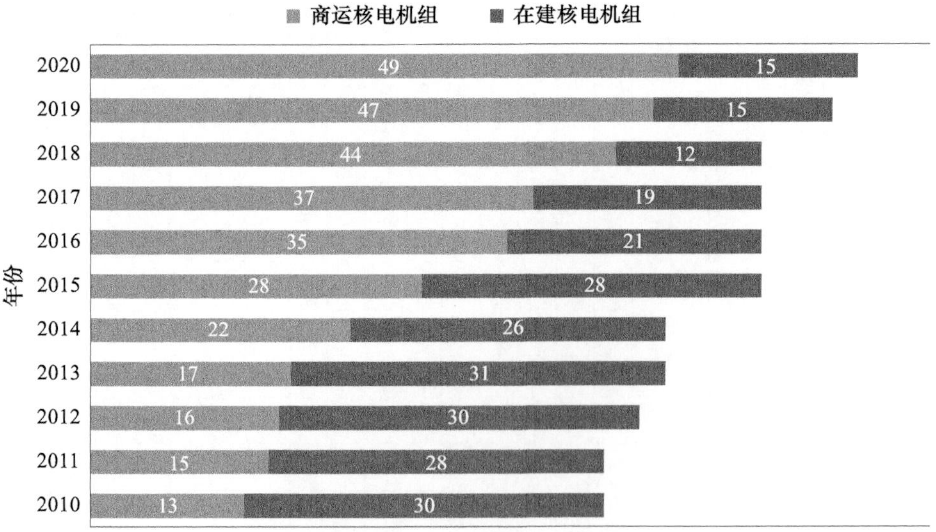

图 1　我国近 10 年核电机组数量统计

2. 核电总装机容量

近 10 年来，我国核电在运机组装机容量持续提升，已从 2010 年 13 台机组额定装机容量 10 880 MW 发展到如今 49 台机组额定装机容量 51 027. 16 MW。浙江秦山核电基地机组数量最多（9 台）、额定装机容量最大（6 584 MW）；海南昌江核电基地额定装机容量最小（1 300 MW）。近 10 年在运核电机组总装机容量发展趋势如图 2 所示。

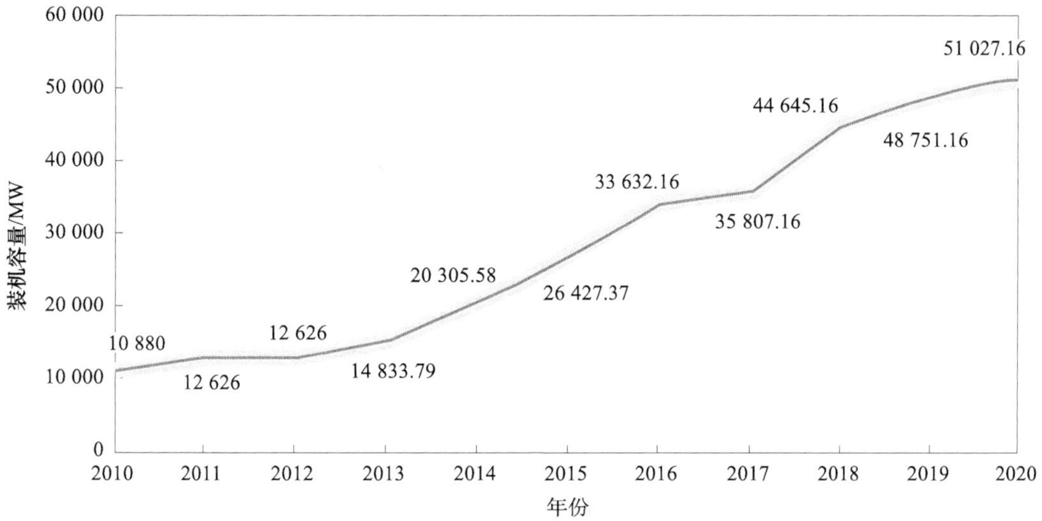

图 2　我国近 10 年核电总装机容量

3. 核能发电占全国累计发电量比例

2010 年至今，我核电机组发电量维持高增长，发电量占比持续提升。2020 年，核电累计发电量为 3 662. 43 亿 kWh，同比上升 5. 20%，全国发电量占比 4. 94%。

2020 年，我国核电机组核能发电量前五的核电厂分别为阳江核电厂（12. 37%）、田湾核电厂（9. 7%）、宁德核电厂（8. 94%）、红沿河核电厂（8. 93%）和福清核电厂（8. 87%）。

2020 年，在核电厂分布的全国 8 个省份中，广东省核电机组发电量最多，为 1 160. 78 亿 kWh。海南省核能发电量占比最高，为 29. 98%，福建次之，山东省最少，仅为 3. 46%。

近 10 年，我国核能发电量占比发展趋势如图 3 所示。

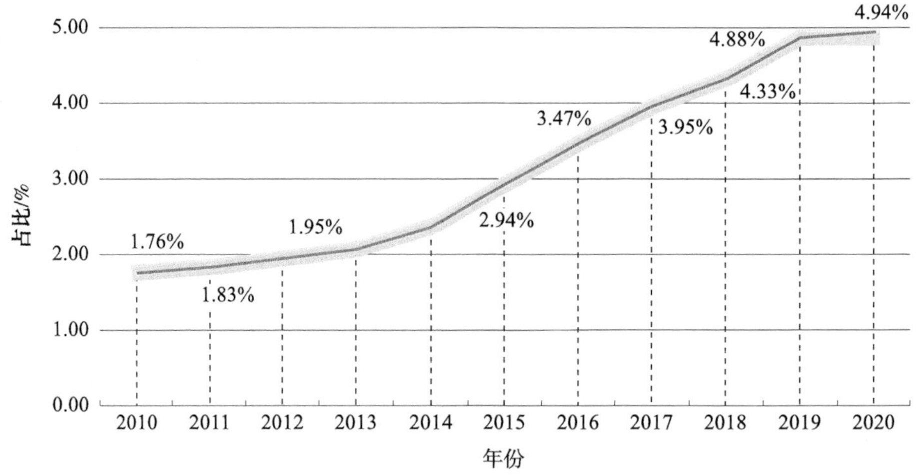

图 3　我国近 10 年我国核能发电占全国累计发电量比例

4. 核电堆型

截至 2020 年底，我国在建和商运核电机组型号共有 12 种，M310 翻版加改进型机组数量最多，共计 22 台，CNP300 和 HTR－PM 最少，均为 1 台。其中 M310、AP1000、ACPR1000、VVER1000、M310 翻版加改进型和华龙一号均为百万千瓦级核电机组，总数为 56 台，占我国核电机组总数 84. 85%。我国商用核电以压水堆为主，仅 CANDU700 为重水堆、HTR-PM 为高温气冷堆。2020 年我国核电堆型统计情况如图 4 所示。

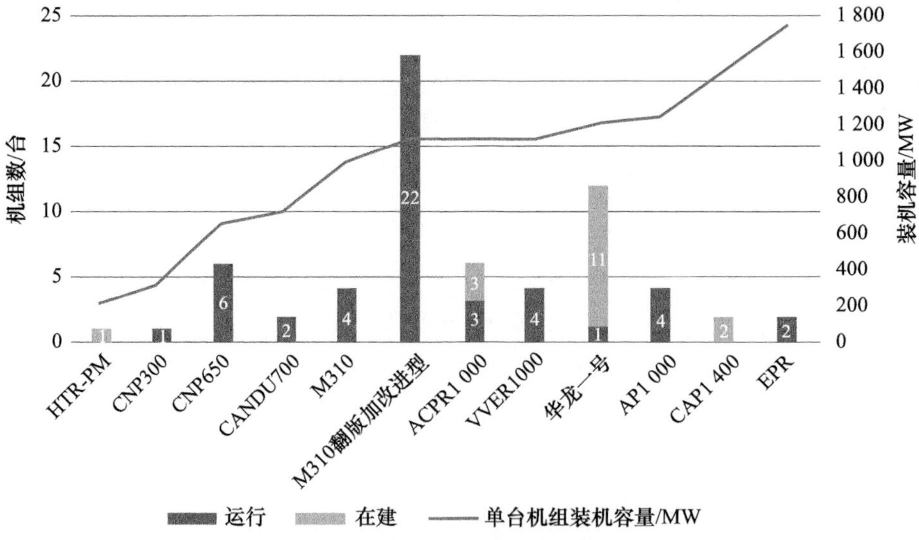

图 4　2020 年我国核电堆型数量统计

第三节　安全情况

1. 运行事件

2020 年，我国运行核电厂共报告运行事件 20 起，其中 19 起为 INES 0 级事件、1 起为 INES 1 级事件。具体情况见表 3。

表 3　2020 年核电厂运行事件清单

发生时间	事件名称	原因分类	分级
2020-08-05	秦山核电厂 1 号机组发电机碳刷故障导致励磁系统保护动作联锁停机停堆	设备	0
2020-05-26	秦山第三核电厂 2 号机组熔丝更换引起高压安注系统偶回路信号闭锁逻辑被旁路导致部分高压安注设备动作事件	人因	0
2020-05-15	田湾核电站 1 号机组第 12 次换料大修期间发现低压安注系统焊缝在役检查存在超标显示	设备	0
2020-07-21	红沿河核电厂 4 号机组因水母涌入导致 CFI 鼓网压差高手动停堆	设备	0
2020-06-20	宁德核电厂 1 号机组试验时在线错误导致乏燃料水池冷却不满足运行技术规范要求	人因	0
2020-09-07	宁德核电厂 2 号机组 2JDT600DTL 不可用时间超过运行技术规范维修期限要求	人因	0
2020-10-03	福建福清核电厂 3、4 号机组应急柴油发电机组一台燃油输送泵备用逻辑未进行验证导致试验超期运行事件	管理	0
2020-10-27	福建福清核电厂 5 号机组执行蒸汽排放联锁检查调试试验过程中触发安注运行事件	设备	0
2020-02-02	阳江核电厂 2 号机组 KIC 系统两个计算服务器不可用不满足运行技术规范要求	设备	0
2020-03-24	阳江核电厂 4 号机组两台循环水泵跳闸导致反应堆紧急停堆	设备	0
2020-03-25	阳江核电厂 4 台机组因海生物入侵导致反应堆自动停堆	设备	1
2020-05-30	阳江核电厂 Y8TEG024VY 内漏导致 8TEG004BA 部分气体意外排放	设备	0

续表

发生时间	事件名称	原因分类	分级
2020-08-24	阳江核电厂 4 号机组因液位计故障导致 EAS001BA 充注体积不足超出运行技术规范维修期限要求	人因	0
2020-04-11	三门核电厂 2 号机组主控室通风辐射监测仪 A 气溶胶通道高 2 信号自动触发主控室应急可居留系统专设安全设施动作	设备	0
2020-05-03	三门核电厂 1 号机组主泵 1B 变频器控制器 A 故障导致反应堆冷却剂环路 I 热段流量低触发反应堆自动停堆	设备	0
2020-03-06	海阳核电厂 2 号机组安全壳外非能动安全壳冷却水箱出口隔离阀 A 误开启	人因	0
2020-03-06	海阳核电厂 2 号机组满功率因主泵 1A 变频器故障引起主泵停运导致热段流量低触发自动停堆	设备	0
2020-01-06	台山核电厂 2 号机组存在第一组事件情况下执行产生第一组事件的定期试验导致不满足运行技术规范要求	人因	0
2020-02-05	台山核电厂 2 号机组长期低功率运行（ELPO）期间调节棒组低于要求的参考棒位下限	人因	0
2020-12-25	台山核电厂 2 号机组第 1 列核岛 10 kV 柴油发电机定期试验期间励磁系统故障引起柴油发电机跳闸后自动启动	人因	0

2010—2020 年，我国核电机组运行事件数量如图 5 所示。

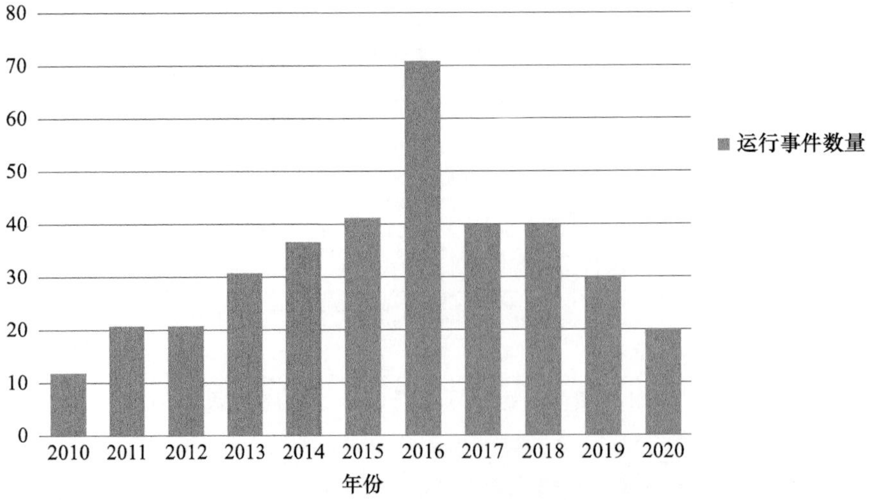

图 5　2010—2020 年我国核电机组运行事件数量

2. 建造事件

2020 年，我国核电机组建造过程中发生的建造事件共计 21 项，具体情况见表 4。其中高温气冷堆核电示范工程有 13 项、国核示范工程有 4 项、红沿河核电厂 5 号机组 1 项、防城港核电厂 2 项、漳州核电厂 1 项。

表 4　2020 年度核电厂建造事件汇总表

序号	发生时间	事件名称	
1	2020-09-28	辽宁红沿河核电厂 5 号机组过剩下泄管线在水压试验后重新焊接	红沿河核电厂
2	2020-04-28	防城港核电厂 3 号机组额外冷却水与核岛消防水厂房墙体裂缝质量缺陷建造事件	防城港核电厂
3	2020-04-30	防城港核电厂 3、4 号机组环吊抗震设计不满足环吊技术规格书要求建造事件	
4	2020-04-15	1 号堆热气导管段 3 与段 4 对应的法兰螺栓孔存在错位现象事件情况	高温气冷堆核电站示范工程
5	2020-05-19	核岛厂房及设备接地存在与规范和图纸不符	
6	2020-06-01	1 号堆热气导管连接螺栓防松点焊缝存在裂纹	
7	2020-07-29	2 蒸汽发生器氦净化回路管嘴内壁存在锈迹和凹坑	
8	2020-08-06	2 号蒸汽发生器节流组件安装卡涩及传热管螺纹损伤	
9	2020-08-31	2 号反应堆控制棒系统预功能试验期间控制棒卡棒	
10	2020-09-01	反应堆压力容器卸料管嘴接管外表面存在凹坑点	
11	2020-10-20	1 号反应堆控制棒系统预功能试验期间控制棒卡棒	
12	2020-11-26	2 号氦风机备用管嘴 BH10 焊缝役前检查身线检验发现未焊透显示	
13	2020-11-27	役前检查活动承包商超许可证范围进行无损检验活动	
14	2020-12-08	1 号主氦风机冷却器管道 B16 焊缝役前检查射线检验发现条状显示	
15	2020-12-14	主回路压力试验期间出现响声	
16	2020-12-17	1 号堆主回路压力试验期间因误碰导致蒸汽发生器承重支承防跳垫圈位移错动量超差、防跳垫圈和防跳螺母间隙超差	

续表

序号	发生时间	事件名称	
17	2020-03-23	“国核一号”示范工程 1 号机组核岛外部基础 D 层（-6.25~-3.20 m）混凝土外观质量缺陷建造事件	国核示范工程
18	2020-11-06	“国核一号”示范工程 1 号机组 PH02 液压弹簧式阻尼器违规打开外包装箱事件的报告	
19	2020-11-08	“国核一号”示范工程 1 号核岛 SC1 层混凝土部分标养试块强度数据异常建造事件	
20	2020-11-16	“国核一号”示范工程 1 号核岛钢制安全壳筒体 1 环吊耳去除打磨后母材发现裂纹的建造事件	
21	2020-12-17	福建漳州核电厂 9PX 联合泵房 1PX 部分钢筋因垫层海水渗漏被污染的事件	漳州核电厂

2012—2020 年，我国核电机组建造事件数量如图 6 所示。

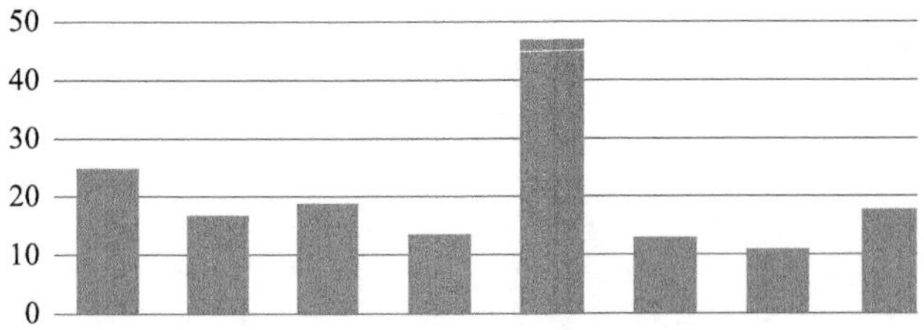

图 6　2012—2020 年我国核电机组建造事件数量

3. 平均负荷因子

近 10 年来我国核电机组平均负荷因子均超过 80%（见图 7），2013 年机组平均负荷因子达到最高水平，为 90.71%。2013 年后机组平均负荷因子略有下降，最低为 2016 年的 80.57%。2020 年全年核电机组平均运行负荷因子为 84.55%，略高于世界平均水平（约 82%）。总体来说，我国核电机组平均负荷因子比较平稳。

4. 集体职业辐射剂量

核电厂运行阶段的生产活动应遵循《电离辐射防护与辐射源安全基本标准》（GB 18871—2002）中关于实践的辐射防护要求，即实践的正当性、剂量限值和最优化。集体剂量和个人剂量作为核电厂管理的重要指标。2020 年，我国核电厂各机组集体职业辐射剂量情况如表 5 所示。

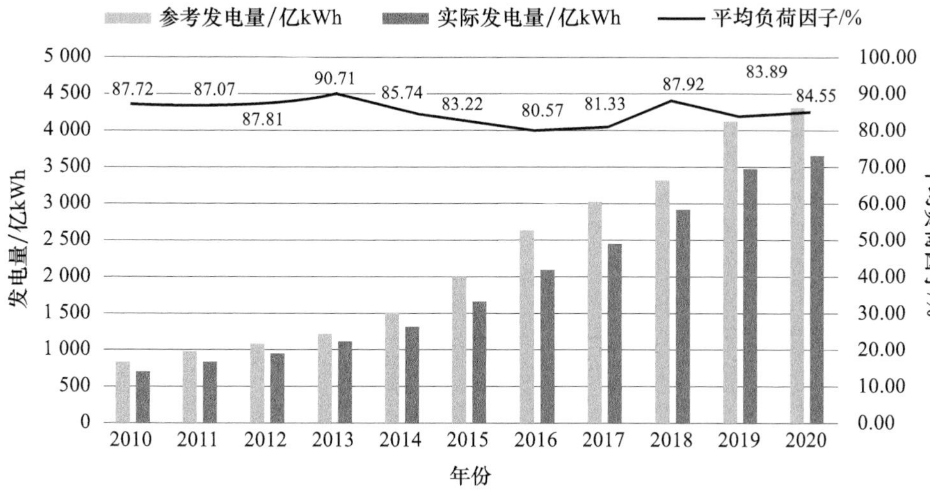

图 7　近 10 年我国核电机组平均负荷因子

表 5　2020 年我国核电厂各机组集体职业辐射剂量

序号	电厂	机组	年人均有效剂量/mSv	年最大个人剂量/mSv	年集体有效剂量/（人·Sv）	归一化集体有效剂量
1	秦山核电厂	1 号机组	0.031	1.810	0.113	0.042
2	秦山第二核电厂	1、2、3、4 号机组	0.163	5.438	0.628	0.029
3	秦山第三核电厂	1、2 号机组	0.164	3.741	0.534	0.046
4	方家山核电厂	1、2 号机组	0.298	5.883	0.800	0.049
5	大亚湾核电厂	1、2 号机组	0.244	5.023	0.676	0.041
6	岭澳核电厂	1、2 号机组	0.256	6.767	0.681	0.045
7	岭澳核电厂	3、4 号机组	0.250	4.695	0.712	0.045
8	田湾核电厂	1、2 号机组	0.101	1.696	0.320	0.020
9	田湾核电厂	3、4 号机组	0.142	2.136	0.479	0.030
10	田湾核电厂	5 号机组	0.006	0.754	0.013	0.005
11	红沿河核电厂	1、2 号机组	0.384	5.438	1.076	0.064
12	红沿河核电厂	3、4 号机组	0.131	2.377	0.307	0.019
13	宁德核电厂	1、2 号机组	0.207	6.534	0.562	0.034
14	宁德核电厂	3、4 号机组	0.296	6.560	0.898	0.056
15	福清核电厂	1、2 号机组	0.182	4.493	0.499	0.028
16	福清核电厂	3、4 号机组	0.185	4.321	0.516	0.034
17	福清核电厂	5 号机组	0.002	0.095	0.003	0.018
18	阳江核电厂	1—6 号机组	0.441	12.047	1.906	0.042

续表

序号	电厂	机组	年人均有效剂量/mSv	年最大个人剂量/mSv	年集体有效剂量/（人·Sv）	归一化集体有效剂量
19	昌江核电厂	1、2 号机组	0. 152	2. 811	0. 302	0. 032
20	防城港核电厂	1、2 号机组	0. 301	6. 361	0. 775	0. 046
21	三门核电厂	1、2 号机组	0. 049	1. 100	0. 077	0. 004
22	海阳核电厂	1 号机组	0. 144	3. 680	0. 280	0. 030
23	海阳核电厂	2 号机组	0. 199	2. 944	0. 325	0. 034
24	台山核电厂	1 号机组	0. 295	6. 725	0. 930	0. 095
25	台山核电厂	2 号机组	0. 014	0. 712	0. 019	0. 001

第三章　研究堆和临界装置

第一节　概况

2020年全国19座在役研究堆（临界装置）中，9座运行（含调试）、1座安全关闭、4座长期停堆、5座未开堆运行。

2020年度研究堆运行情况见表6。

表6　2020年研究堆运行情况

序号	设施名称	设计功率	营运单位	运行情况	所在省份
1	101重水研究堆	10 MW	中国原子能科学研究院	安全关闭	北京
2	中国实验快堆	65 MW	中国原子能科学研究院	运行	北京
3	中国先进研究堆	60 MW	中国原子能科学研究院	运行	北京
4	49-2游泳池式反应堆	3.5 MW	中国原子能科学研究院	运行	北京
5	原型微型中子源反应堆	27 kW	中国原子能科学研究院	运行	北京
6	微堆零功率装置	—	中国原子能科学研究院	未开堆运行	北京
7	氢化锆固态临界装置	—	中国原子能科学研究院	长期停堆	北京
8	DF-VI快中子临界装置	—	中国原子能科学研究院	长期停堆	北京
9	中试厂核临界安全实验装置	—	中国原子能科学研究院	未开堆运行	北京
10	屏蔽实验反应堆	1 MW	清华大学核能与新能源技术研究院	长期停堆	北京
11	5 MW低温核供热实验堆	5 MW	清华大学核能与新能源技术研究院	长期停堆	北京
12	10 MW高温气冷实验堆	10 MW	清华大学核能与新能源技术研究院	未开堆运行	北京
13	高通量工程试验堆	125 MW	中国核动力研究设计院	运行	四川
14	高通量工程试验堆临界装置	—	中国核动力研究设计院	运行	四川

续表

序号	设施名称	设计功率	营运单位	运行情况	所在省份
15	中国脉冲堆	1 MW	中国核动力研究设计院	未开堆运行	四川
16	岷江试验堆	5 MW	中国核动力研究设计院	运行	四川
17	18-5 临界装置	—	中国核动力研究设计院	运行	四川
18	深圳大学微型反应堆	30 kW	深圳大学核技术应用联合研究所	未开堆运行	深圳
19	医院中子照射器	30 kW	北京凯佰特科技有限公司	运行	北京

第二节　安全情况

我国研究堆和临界装置安全运行总体情况良好。

按《研究堆营运单位报告制度》，2020 年全年共报告 9 起运行事件（见表 7），均未对反应堆厂房外环境造成不良后果。

表 7　2020 年研究堆运行事件

序号	发生时间	设施名称	事件名称	原因分类	分级
1	2020-03-23	高通量工程试验堆	除气加压系统泄漏	设备故障	0
2	2020-06-03	高通量工程试验堆	水 107 甲阀泄漏	设备故障	0
3	2020-08-07	高通量工程试验堆	雷电电磁干扰触发保护信号停堆	设备故障	0
4	2020-08-13	中国先进研究堆	中国先进研究堆安全棒驱动压差波动联锁控制棒下插导致反应堆停堆	设备故障	0
5	2020-08-17	高通量工程试验堆	雷电导致外电源 I 段瞬时失电	设备故障	0
6	2020-08-30	高通量工程试验堆	外电源 I 段电压波动触发停堆	设备故障	0
7	2020-09-04	中国实验快堆	中国实验快堆辐照组件堆外滑落入转换桶	设备故障	0
8	2020-10-12	中国先进研究堆	中国先进研究堆水冷泵 A 电机故障触发保护停堆	设备故障	0
9	2020-10-18	中国实验快堆	中国实验快堆转运室转运机抓手卡住	设备故障	0

2020 年，各地区核与辐射安全监督站对研究堆营运单位实施了日常检查、例行检查和非例行检查，投入监督人力 1 627 人 · 天，开展日常监督 8 次、例行检查 12 次、非例行检查 1 次，发现问题 271 个，提出管理要求 38 条。

第四章　核燃料循环设施

第一节　概况

我国实行闭式核燃料循环政策，拥有完整的核燃料循环体系。截至 2020 年 12 月 31 日，我国主要的民用核燃料生产、加工、贮存设施共计 19 个。详见表 8。

表 8　我国主要的民用核燃料生产、加工、贮存设施

序号	设施名称	营运单位	主要产品形式	类型（铀浓缩、元件制造等）	目前状态
1	化工转换干法生产线	中核建中核燃料元件有限公司	UO_2 粉末	元件制造	运行
2	粉末冶金生产线	中核建中核燃料元件有限公司	UO_2 芯块	元件制造	运行
3	燃料元件组装生产线	中核建中核燃料元件有限公司	压水堆核燃料元件	元件制造	运行
4	IDR 工艺研究及装置生产线	中核建中核燃料元件有限公司	UO_2 粉末	元件制造	运行
5	核燃料元件生产线扩建技改工程	中核建中核燃料元件有限公司	压水堆核燃料元件	元件制造	运行
6	重水堆核燃料元件生产线	中核北方核燃料元件有限公司	重水堆核燃料元件	元件制造	运行
7	压水堆核燃料元件生产线	中核北方核燃料元件有限公司	压水堆核燃料元件	元件制造	运行
8	高温气冷堆核电站示范工程燃料元件生产线	中核北方核燃料元件有限公司	高温气冷堆燃料球	元件制造	运行
9	压水堆核电站燃料元件生产线扩建工程	中核北方核燃料元件有限公司	压水堆燃料元件	元件制造	运行

续表

序号	设施名称	营运单位	主要产品形式	类型（铀浓缩、元件制造等）	目前状态
10	AP1000 核电站燃料元件生产线	中核北方核燃料元件有限公司	AP1000 燃料元件	元件制造	运行
11	405-1A 工程	中核陕西铀浓缩有限公司	低富集度 UF_6	铀浓缩	运行
12	四期引进离心工程	中核陕西铀浓缩有限公司	低富集度 UF_6	铀浓缩	运行
13	北区扩建离心工程（一期）	中核陕西铀浓缩有限公司	低富集度 UF_6	铀浓缩	运行
14	北区扩建离心工程（二期）	中核陕西铀浓缩有限公司	低富集度 UF_6	铀浓缩	运行
15	离心工程	中核兰州铀浓缩有限公司	低富集度 UF_6	铀浓缩	运行
16	国产离心机商用示范工程	中核兰州铀浓缩有限公司	低富集度 UF_6	铀浓缩	运行
17	铀浓缩二期工程	中核兰州铀浓缩有限公司	低富集度 UF_6	铀浓缩	运行
18	铀浓缩四期工程	中核兰州铀浓缩有限公司	低富集度 UF_6	铀浓缩	运行
19	秦山三期乏燃料临时干式贮存设施	中核核电运行管理有限公司	—	乏燃料干式贮存	运行

第二节　安全情况

2020 年，我国在役核燃料生产、加工、贮存和后处理设施安全运行，继续保持良好的安全记录，在建设施建造质量得到有效控制。核燃料循环设施的核与辐射安全可控，未对工作人员、公众和环境造成不可接受的核与辐射危害。

2020 年，生态环境部（国家核安全局）全年共批复 5 项建设项目环境影响报告书，颁发 1 项运行许可证，批准 3 项核安全技术改造。组织开展对相关核设施安全隐患的监督检查；加快制定乏燃料后处理领域的法规标准，完成《乏燃料后处理设施安全》编制，开展后处理厂流出物和环境监测及后处理设施安全审评关键技术研究等；加强运行事件经验反馈，印发《关于加强民用核燃料循环设施运行经验反馈工作的通知》。

2020 年，各地区核与辐射安全监督站对核燃料循环设施营运单位投入监督人力 2 846 人·天，开展例行检查 11 次、非例行检查 4 次，发现问题 185 个，提出管理要求 118 条。

第五章　铀矿和伴生放射性矿

2020 年，生态环境部（国家核安全局）对中核通辽铀业有限责任公司钱家店铀矿床钱Ⅳ块地浸采铀工程等 10 个铀矿冶及铀地质勘探项目进行了环评审批，核与辐射安全中心开展相应审评活动 22 项（见表 9）。

表 9　2020 年铀矿冶辐射环境监管领域的行政审批事项

日期	批准文号	文件名称
2020-04-27	环审〔2020〕57 号	关于通辽钱家店铀矿床钱Ⅲ块地浸采铀试验研究环境影响报告书的批复
2020-05-23	环审〔2020〕71 号	关于地浸矿山大通量提铀装置工程化研究环境影响报告表的批复
2020-05-23	环审〔2020〕72 号	关于内蒙古二连盆地铀矿资源调查评价与勘查项目环境影响报告表的批复
2020-05-23	环审〔2020〕73 号	关于鄂尔多斯盆地北部铀矿资源调查评价与勘查项目环境影响报告表的批复
2020-07-23	环审〔2020〕90 号	关于广东省下庄矿集区铀矿资源调查评价与勘查等 5 个项目环境影响报告表的批复
2020-07-23	环审〔2020〕91 号	关于广西苗儿山地区铀矿资源调查评价与勘查等 6 个项目环境影响报告表的批复
2020-07-23	环审〔2020〕92 号	关于新疆伊犁盆地铀矿资源调查评价与勘查等 8 个项目环境影响报告表的批复
2020-08-20	环审〔2020〕100 号	关于内蒙古海拉尔盆地铀矿资源调查评价等 4 个项目环境影响报告表的批复
2020-09-03	环审〔2020〕109 号	关于钱家店铀矿床钱 IV 块地浸采铀工程环境影响报告书的批复
2020-11-26	环审〔2020〕145 号	关于中核北方铀业有限公司 753 矿退役治理工程环境影响报告书的批复

按照《关于开展核与辐射安全隐患排查工作的通知》（环办核设函〔2020〕215 号）文件要求，编制 3 年监督检查方案，组织各地区核与辐射安全监督站对铀矿冶设施开展监督检查。组织对中国铀业有限公司和辽宁省首钢硼铁有限责任公司 2019 年度流出物和环境监测总结报告开展技术审查，印发审查意见并督促企业进行整改。组织各省建立伴生放

射性矿企业名录，对企业自行监测及信息公开等工作开展审查。

2020 年，各地区监督站组织 23 家铀矿冶单位完成 54 个铀矿冶设施的核与辐射安全风险隐患排查。结果显示，各单位均制定了应急预案，具备一定的应急处置能力，废水处理设施运行正常，开展了监测工作，做了汛期安全准备，铀矿冶设施辐射环境安全状况总体良好，检查中共发现问题 49 个，针对发现的问题各地区监督站均提出了整改要求。

第六章 放射性废物处理、贮存和处置设施

第一节 概况

放射性废物管理设施包括放射性废物处理设施、贮存设施和处置设施，放射性废物处理、贮存设施分为核电厂、核燃料循环设施配套建设的处理、贮存设施和独立处理、贮存设施。截至2020年12月31日，我国已建成运行的放射性废物处置设施3个，核电厂配套的放射性废物处理设施42个，贮存设施27个，研究堆配套的放射性废物处理设施10个，贮存设施5个，核燃料循环设施配套的放射性废物处理设施9个，贮存设施5个，独立的放射性废物处理设施2个，独立的放射性废物贮存设施1个。

第二节 运行情况

（1）核电厂配套的核电厂配套的放射性废物处理和贮存设施（见表10、表11）。

表10 核电厂配套的放射性废物处理设施

序号	设施名称	所属电厂	投运时间
1	22号固化厂房	秦山核电厂	1991
2	9TES水泥固化线	方家山核电厂	2014
3	废物处理辅助厂房（QS）	方家山核电厂	2014
4	9TES水泥固化线	秦山第二核电厂	2002
5	8TES水泥固化线	秦山第二核电厂	2002
6	废物处理辅助厂房（QS）	福清核电厂	2014
7	固体废物处理系统（TES）	福清核电厂	2014
8	QT厂房	田湾核电厂	尚未投运

续表

序号	设施名称	所属电厂	投运时间
9	QR 厂房	田湾核电厂	尚未投运
10	1 号机组固体废物处理系统（1KPA）	田湾核电厂	2007
11	2 号机组固体废物处理系统（2KPA）	田湾核电厂	2007
12	1 号机组液体废物水泥固化系统（1KPC）	田湾核电厂	2007
13	2 号机组液体废物水泥固化系统（2KPC）	田湾核电厂	2007
14	可降解废物处理系统（2 kPW）	田湾核电厂	尚未投运
15	放射性废物处理中心（T4UKT）	田湾核电厂	2018
16	5、6 号机组固体废物处理系统（TES）	田湾核电厂	尚未投运
17	QS 厂房压实打包装置	昌江核电厂	2015
18	NX 厂房（TES 部分）	昌江核电厂	2015
19	TES（NX）	大亚湾核电厂	1994
20	TES（DQS）	大亚湾核电厂	1994
21	TES（NX）	岭澳核电厂一期	2002
22	TES（LQS）	岭澳核电厂一期	2002
23	TES（NX）	岭澳核电厂二期	2013
24	8NX 厂房 TES 固化系统	红沿河核电厂	2014
25	9NX 厂房 TES 固化系统	红沿河核电厂	2012
26	HQS 厂房	红沿河核电厂	2014
27	HQT 厂房	红沿河核电厂	2014
28	水泥固化设施（9TES1&9TES3）	宁德核电厂	2013
29	水泥固化设施（8TES1&8TES3）	宁德核电厂	2014
30	分拣压缩设施（0TES2）QS 厂房	宁德核电厂	2013
31	9TES	阳江核电厂	2013
32	8TES	阳江核电厂	2015
33	7TES 系统	阳江核电厂	2018
34	0QS 厂房	阳江核电厂	2013
35	0QR 厂房	阳江核电厂	2014
36	0QV 厂房	阳江核电厂	2013
37	放射性固废处理系统 TES（NX）	防城港核电厂	2015
38	放射性固废处理系统 TES（QS）	防城港核电厂	2015
39	厂址放射性废物处理设施（SRTF）	海阳核电厂	2018
40	9HQB 厂房（放射性废物处理厂房）	台山核电厂	2018

续表

序号	设施名称	所属电厂	投运时间
41	1/2HNX 厂房（核辅助厂房）	台山核电厂	2018
42	厂址废物处理设施（SRTF）	三门核电厂	2018

表 11　核电厂配套的放射性废物贮存设施

序号	设施名称	所属电厂	投运时间
1	21 号中低放废物库	秦山核电厂	1991
2	24 号固化物库	秦山核电厂	1991
3	废物暂存库（QT）	方家山核电厂	2014
4	放射性废油库（QR）	方家山核电厂	2014
5	放射性固体废物暂存库（QT）	秦山第二核电厂	2002
6	新放射性固体废物暂存库（5QT）	秦山第二核电厂	2011
7	放射性废油暂存库（5QT2）	秦山第二核电厂	2002
8	放射性废物暂存库	秦山第三核电厂	2002
9	固体废物暂存库（QT）	福清核电厂	2014
10	放射性废油暂存库（QR）	福清核电厂	2014
11	11UKT 技术废物贮存库	田湾核电厂	2007
12	21UKT 技术废物贮存库	田湾核电厂	2007
13	91UKT 水泥固化体暂存库	田湾核电厂	2007
14	31UKT 放射性废物贮存库	田湾核电厂	2018
15	41UKT 放射性废物贮存库	田湾核电厂	2018
16	T1UKT 放射性废物贮存库	田湾核电厂	2018
17	T2UKT 废中子通量与温度测量通道暂存库	田湾核电厂	2018
18	QT 厂房放射性固体废物暂存库	昌江核电厂	2015
19	固体废物贮存库（DQT）	大亚湾核电厂	1994
20	固体废物贮存库（KQT）	岭澳核电厂二期	2011
21	暂存库（QT）	宁德核电厂	2013
22	废油贮存库（QR）	宁德核电厂	2013
23	0QT 厂房	阳江核电厂	2014
24	固体废物贮存库（QT）	防城港核电厂	2016
25	9HQS 厂房（放射性固体废物储存厂房）	台山核电厂	2018
26	9HQR 厂房（放射性废油储存库）	台山核电厂	2018
27	9HQV 厂房（放射性废溶剂储存库）	台山核电厂	2018

（2）核燃料循环设施配套的放射性废物处理和贮存设施（见表12、表13）。

表12　核燃料循环设施配套的放射性废物处理设施

序号	设施名称	营运单位
1	放射性废水处理设施	中核陕西铀浓缩有限公司
2	排风系统	中核陕西铀浓缩有限公司
3	放射性废水处理设施	中核兰州铀浓缩有限公司
4	排风系统	中核兰州铀浓缩有限公司
5	放射性废水处理设施	中核北方核燃料元件有限公司
6	排风中心	中核北方核燃料元件有限公司
7	放射性废水处理设施	中核建中核燃料元件有限公司
8	废物处理整备设施	中核建中核燃料元件有限公司
9	排风中心	中核建中核燃料元件有限公司

表13　核燃料循环配套的放射性废物贮存设施

序号	设施名称	营运单位
1	放射性废水暂存池	中核陕西铀浓缩有限公司
2	放射性固体废物暂存库	中核陕西铀浓缩有限公司
3	放射性固体废物暂存库	中核兰州铀浓缩有限公司
4	含铀废物暂存库	中核北方核燃料元件有限公司
5	含铀废物暂存库	中核建中核燃料元件有限公司

（3）研究堆配套的放射性废物处理和贮存设施（见表14、表15）。

表14　研究堆配套的放射性废物处理设施

序号	设施名称	运营单位
1	废水处理车间	中国原子能科学研究院
2	固体废物整备设施	中国原子能科学研究院
3	废水处理系统	清华大学
4	水泥固化系统	清华大学
5	压缩打包机	清华大学
6	放射性废液处理车间	中国核动力研究设计院
7	水泥固化车间	中国核动力研究设计院
8	整备工段	中国核动力研究设计院
9	压缩工段	中国核动力研究设计院

表 15 研究堆配套的放射性废物贮存设施

序号	设施名称	运营单位
1	废水暂存库	中国原子能科学研究院
2	固体废物暂存库	中国原子能科学研究院
3	废物暂存库	清华大学
4	暂存库	中国核动力研究设计院
5	暂存工段	中国核动力研究设计院

（4）放射性废物处置场（见表 16）。

表 16 放射性废物处置场废物量情况

序号	设施名称	运营单位	废物量（2019 年）			废物量（2020 年）		
			废物包/个	总体积/m^3	总活度/Bq	废物包/个	总体积/m^3	总活度/Bq
1	西北低、中放固体废物处置场	中核清原公司	10 372	22 422.47	6.38×10^{14}	64 979	26 048.19	6.36×10^{14}
2	广东低、中放固体废物北龙处置场	广东大亚湾核电环保公司	252	2 526.44	7.95×10^{13}	2 240	2 526.44	7.95×10^{13}
3	飞凤山低中放固体废物处置场	中核清原公司	36 408	19 767.92	1.31×10^{15}	61 852	26 578.98	2.75×10^{15}

按照运行许可要求，西北处置场、北龙处置场正在进行定期安全评价。

2020 年，各地区核与辐射安全监督站对放射性废物处置场投入监督人力 503 人 · 天，开展例行检查 3 次、专项检查 5 次，发现问题 5 个，提出管理要求 5 条。

第七章　核技术利用

第一节　核技术利用辐射安全监管现状

1. 核技术利用单位监管情况

截至 2020 年底，全国辐射工作单位（以下简称“持证单位”）共有 80 414 家，其中正常状态的 79 893 家，停业状态的 455 家，整改状态的 57 家，整顿状态的 9 家；此外，管理系统数据库中记录吊销状态的单位 473 家，注销状态的单位 20 443 家，军队单位 144 家。在持证单位中，活动种类和范围包含放射源或非密封放射性物质相关活动的单位 9 755 家，占 12.13%；只有射线装置相关活动（不包含放射性同位素相关活动）的单位 70 659 家，占 87.87%。

各省份持证单位数量详见表 17，持证单位数量最多的五个省份分别为江苏省（6 749 家）、四川省（6 554 家）、浙江省（5 956），山东省（4 942 家）、广东省（4 737 家）；持证单位数量最少的五个省份分别为西藏自治区（193 家）、青海省（313 家）、宁夏回族自治区（404 家）、海南省（430 家）和天津市（956 家）。

表 17　各省持证单位数量

序号	省份	持证单位数
1	江苏省	6 749
2	四川省	6 554
3	浙江省	5 956
4	山东省	4 942
5	广东省	4 737
6	河南省	4 544
7	北京市	3 472
8	湖南省	3 215
9	上海市	3 025

续表

序号	省份	持证单位数
10	河北省	3 013
11	辽宁省	2 829
12	安徽省	2 764
13	贵州省	2 736
14	云南省	2 714
15	湖北省	2 675
16	重庆市	2 043
17	福建省	1 798
18	陕西省	1 791
19	广西壮族自治区	1 768
20	新疆维吾尔自治区	1 737
21	甘肃省	1 734
22	江西省	1 716
23	山西省	1 535
24	黑龙江省	1 507
25	吉林省	1 475
26	内蒙古自治区	1 089
27	天津市	956
28	海南省	430
29	宁夏回族自治区	404
30	青海省	313
31	西藏自治区	193
合计		80 414

2. 放射源监管情况

管理系统中纳入监管的放射源状态分为在用源和非在用源两大类。在用源的状态包括：待发货、使用、出口国外使用、异地使用、待备案、出口单位所在地备案等 6 种；非在用源状态包括出口待返回状态以及废旧放射源的相关状态（回收、收贮、收贮待备案、回收待备案、废源转移待备案）等。

（1）在用放射源。

经统计，截至 2020 年底，全国在用放射源总数为 149 452 枚，其中Ⅰ类源 15 325 枚；Ⅱ类源 17 253 枚，Ⅲ类源 1 833 枚，Ⅳ类源 33 711 枚，Ⅴ类源 80 970 枚，活度不清楚的源 360 枚，详见表 18。

表 18　在用放射源状态、类别统计表

状态	Ⅰ类/枚	Ⅱ类/枚	Ⅲ类/枚	Ⅳ类/枚	Ⅴ类/枚	N 类/枚	总计
待发货	57	1 381	258	1 549	38 078	18	41 341
异地使用	0	704	70	1 898	827	1	3 500
使用	15 244	14 557	1 421	29 830	41 207	339	102 598
出口单位所在地备案	0	2	12	5	16	0	35
出口国外使用	0	116	14	306	305	2	743
待备案	24	493	58	123	537	0	1 235
合计	15 325	17 253	1 833	33 711	80 970	360	149 452

全国 31 个省份在用放射源数量详见表 19，在用源数量最多的 5 个省份分别为北京（24 058 枚）、广东（15 918 枚）、上海（15 344 枚）、江苏（12 891 枚）和山东（9 760 枚）；在用源数量最少的五个省份分别为西藏（75 枚）、海南（436 枚）、青海（711 枚）、贵州（1 114 枚）、江西（1 248 枚）。

表 19　在用放射源统计表

省份	Ⅰ类源	Ⅱ类源	Ⅲ类源	Ⅳ类源	Ⅴ类源	N 类源	合计
北京市	906	2 409	380	1 156	19 141	66	24 058
广东省	1 980	1 112	153	3 567	9 025	81	15 918
上海市	1 891	782	59	626	11 982	4	15 344
江苏省	1 849	1 128	116	2 399	7 395	4	12 891
山东省	1 273	1 894	53	2 067	4 455	18	9 760
浙江省	337	664	38	2 035	3 806	6	6 886
天津市	1 152	623	116	2 570	1 135	2	5 598
河北省	375	800	58	1 777	2 534	0	5 544
四川省	1 225	1 365	120	850	1 596	5	5 161
河南省	362	553	69	1 419	2 311	44	4 758
辽宁省	298	639	48	1 526	1 703	16	4 230
山西省	142	280	50	1 606	1 355	3	3 436
陕西省	286	526	16	1 017	1 474	1	3 320
安徽省	197	334	92	1 085	1 345	10	3 063
新疆维吾尔自治区	13	427	46	1 326	1 213	2	3 027
福建省	386	179	58	602	1 528	0	2 753
甘肃省	34	92	19	1 386	1 104	35	2 670
湖北省	420	388	69	568	1 017	25	2 487

续表

省份	Ⅰ类源	Ⅱ类源	Ⅲ类源	Ⅳ类源	Ⅴ类源	N类源	合计
重庆市	986	573	20	251	617	0	2 447
内蒙古自治区	47	121	67	1 124	1 008	4	2 371
黑龙江省	161	439	36	417	771	27	1 851
云南省	279	144	5	752	609	2	1 791
吉林省	248	601	11	463	449	1	1 773
广西壮族自治区	112	63	28	766	706	0	1 675
湖南省	172	562	40	153	657	0	1 584
宁夏回族自治区	1	77	10	865	359	0	1 312
江西省	77	147	17	311	696	0	1 248
贵州省	46	249	12	510	297	0	1 114
青海省	1	12	17	312	369	0	711
海南省	69	38	7	92	230	0	436
西藏自治区	0	0	0	39	36	0	75
未知区域*	0	32	3	74	47	4	160
合计	15 325	17 253	1 833	33 711	80 970	360	149 452

（2）非在用放射源。

① 出口待返回放射源。

出口待返回放射源是指国内核技术利用单位持有的放射源出口到国外使用，作业结束后将返回国内，属于非在用放射源，共计有371枚。

② 废旧放射源。

全国31个省级城市放射性废物库、国家放射性废物库（中核清原公司）以及国内5个放射源生产厂家可进行废旧放射源收贮（回收）。截至2020年底，数据库中记录显示累计共收贮（回收）放射源115 826枚（详见表20），其中有编码放射源98 784枚，占比为85.3%；无编码或未添加编码的放射源17 042枚，占比为14.7%。各省级放射性废物库共收贮放射源55 268枚，占比为47.7%；中核清原公司共收贮放射源25 545枚，占比为22.1%；5个生产厂家共回收放射源34 959枚，占比为30.2%。

表20　废旧放射源收贮情况表

回收（收贮）单位	有无编码	收贮量/枚								
		2014年及以前	2015	2016	2017	2018	2019	2020	总计	总量
各省放射性废物库	有	24 634	3 030	2 859	5 394	4 826	4 215	4 698	49 656	55 268
	无	4 675	416	384	137	0	0	0	5 612	

续表

回收（收贮）单位	有无编码	收贮量/枚								
		2014 年及以前	2015	2016	2017	2018	2019	2020	总计	总量
国家放射性废物库	有	225	6	888	24	21	317	12 634	14 115	25 545
	无	7 838	3 592	0	0	0	0	0	11 430	
五个生产厂家	有	16 890	3 503	2 787	3 044	2 905	2 968	2 916	35 013	35 013
	无	0	0	0	0	0	0	0	0	
合计		54 262	10 547	6 918	8 599	7 752	7 500	20 248	115 826	

3. 射线装置监管情况

经统计，截至 2020 年底，全国在用射线装置总数为 205 280 台，其中Ⅰ类射线装置 21 台，Ⅱ类射线装置 30 771 台，Ⅲ类射线装置 174 488 台。各省在用射线装置数量详见表 21，数量最多的五个省份分别为江苏（20 178 台）、四川（14 552 台）、山东（13 826 台）、浙江（13 731 台）、以及广东（12 106 台）；数量最少的五个省份分别为西藏（383 台）、青海（868 台）、宁夏（895 台）、海南（1 043 台）以及天津（2 800 台）。

表 21　各省在用射线装置数量

	省份	Ⅰ类	Ⅱ类	Ⅲ类	合计
1	江苏省	0	5 361	14 817	20 178
2	四川省	0	1 866	12 686	14 552
3	山东省	1	3 230	10 595	13 826
4	浙江省	0	1 919	11 812	13 731
5	广东省	1	1 260	10 845	12 106
6	河南省	0	1 844	9 511	11 355
7	北京市	6	1 065	10 040	11 111
8	上海市	5	1 312	7 628	8 945
9	安徽省	3	773	7 397	8 173
10	湖南省	0	854	7 264	8 118
11	河北省	1	1 183	6 880	8 064
12	湖北省	0	1 179	6 586	7 765
13	辽宁省	1	1 482	5 791	7 274
14	云南省	0	332	5 069	5 401
15	贵州省	0	353	4 588	4 941
16	陕西省	0	936	3 898	4 834

续表

	省份	Ⅰ类	Ⅱ类	Ⅲ类	合计
17	重庆市	0	504	4 016	4 520
18	山西省	0	606	3 769	4 375
19	福建省	0	404	3 768	4 172
20	黑龙江省	0	771	3 321	4 092
21	江西省	0	367	3 593	3 960
22	广西壮族自治区	0	383	3 575	3 958
23	新疆维吾尔自治区	0	419	3 100	3 519
24	甘肃省	3	493	2 992	3 488
25	内蒙古自治区	0	311	3 156	3 467
26	吉林省	0	487	2 879	3 366
27	天津市	0	705	2 095	2 800
28	海南省	0	73	970	1 043
29	宁夏回族自治区	0	174	721	895
30	青海省	0	113	755	868
31	西藏自治区	0	12	371	383
合计		21	30 771	174 488	205 280

第二节　核技术利用辐射安全监管活动

1. 放射源相关业务

（1）放射源进口审批备案情况。

2020年生态环境部共批准放射源进口审批1 232件，其中801件已办理备案手续，备案率为65.02%；批准进口的各类放射源涉及核素30种共计6 350枚，其中共有3 933枚放射源完成备案，备案率为61.94%。放射源进口统计详见表22，批准进口数量最多的前三种核素分别为^{63}Ni（1 546枚）、^{137}Cs（1 295枚）和^{85}Kr（854枚）。

（2）放射源出口审批备案情况。

2020年生态环境部共批准放射源出口审批667件，其中460件已办理备案手续，备案率为68.97%；批准出口的各类放射源涉及核素16种共计1 306枚，其中共有780枚放射源完成备案，备案率为59.72%。放射源出口统计详见表23，批准出口数量最多的前三种核素分别为^{192}Ir（519枚）、^{68}Ge（183枚）和^{60}Co（179枚）。

表 22　放射源进口统计表

	核素	放射源数量/枚											
		Ⅰ类		Ⅱ类		Ⅲ类		Ⅳ类		Ⅴ类		总计	
		审批数	备案数	审批数	备案数	审批数	备案数	审批数	备案数	审批数	备案数	审批数	备案数
1	^{63}Ni	0	0	0	0	0	0	0	0	1 546	716	1 546	716
2	^{137}Cs	0	0	6	3	0	0	468	250	821	486	1 295	739
3	^{85}Kr	0	0	0	0	0	0	0	0	854	607	854	607
4	^{60}Co	1	0	494	428	0	0	85	49	52	30	632	507
5	^{192}Ir	0	0	211	177	419	306	0	0	0	0	630	483
6	^{252}Cf	0	0	0	0	0	0	589	390	2	1	591	391
7	^{68}Ge	0	0	0	0	0	0	0	0	386	258	386	258
8	^{22}Na	0	0	0	0	0	0	0	0	56	19	56	19
9	^{90}Sr	0	0	0	0	0	0	0	0	52	34	52	34
10	^{3}H	0	0	0	0	0	0	0	0	50	25	50	25
11	$^{241}Am/Be$	0	0	2	0	21	10	20	9	1	0	44	19
12	^{57}Co	0	0	0	0	0	0	0	0	42	33	42	33
13	^{147}Pm	0	0	0	0	0	0	0	0	26	24	26	24
14	^{241}Am	0	0	0	0	0	0	7	4	18	9	25	13
15	^{75}Se	0	0	20	13	0	0	0	0	0	0	20	13
16	^{133}Ba	0	0	0	0	0	0	0	0	17	16	17	16
17	^{109}Cd	0	0	0	0	0	0	0	0	11	2	11	2
18	^{55}Fe	0	0	0	0	0	0	0	0	10	7	10	7

续表

	核素	放射源数量/枚											
		Ⅰ类		Ⅱ类		Ⅲ类		Ⅳ类		Ⅴ类		总计	
		审批数	备案数	审批数	备案数	审批数	备案数	审批数	备案数	审批数	备案数	审批数	备案数
19	^{106}Ru（^{106}Rh）	0	0	0	0	0	0	0	0	9	3	9	3
20	^{237}Np	0	0	0	0	0	0	0	0	8	8	8	8
21	^{228}Th	0	0	0	0	0	0	0	0	8	1	8	1
22	^{235}U	0	0	0	0	0	0	8	2	0	0	8	2
23	^{232}Th	0	0	0	0	0	0	0	0	7	1	7	1
24	^{210}Po	0	0	0	0	0	0	3	3	3	3	6	6
25	^{226}Ra	0	0	0	0	0	0	0	0	4	1	4	1
26	^{90}Sr（^{90}Y）	0	0	0	0	0	0	0	0	4	1	4	1
27	^{153}Gd	0	0	0	0	0	0	0	0	3	3	3	3
28	^{204}Tl	0	0	0	0	0	0	0	0	3	0	3	0
29	U，Th，K	0	0	0	0	0	0	0	0	2	1	2	1
30	^{239}Pu	0	0	0	0	0	0	0	0	1	0	1	0
合计		1	0	733	621	440	316	1 180	707	3 996	2 289	6 350	3 933

表 23　放射源出口统计表

序号	核素	放射源数量/枚											
		Ⅰ类		Ⅱ类		Ⅲ类		Ⅳ类		Ⅴ类		总计	
		审批数	备案数	审批数	备案数	审批数	备案数	审批数	备案数	审批数	备案数	审批数	备案数
1	^{192}Ir	0	0	176	146	343	234	0	0	0	0	519	380
2	^{68}Ge	0	0	0	0	0	0	0	0	183	93	183	93
3	^{60}Co	159	13	18	18	0	0	0	0	2	0	179	31
4	^{85}Kr	0	0	0	0	0	0	0	0	155	134	155	134
5	^{63}Ni	0	0	0	0	0	0	0	0	86	41	86	41
6	^{137}Cs	0	0	2	0	0	0	9	4	52	27	63	31
7	^{241}Am	0	0	0	0	0	0	33	12	1	1	34	13
8	^{3}H	0	0	0	0	0	0	0	0	32	20	32	20
9	^{210}Po	0	0	0	0	0	0	3	3	10	10	13	13
10	^{90}Sr	0	0	0	0	0	0	0	0	13	8	13	8
11	$^{241}Am/Be$	0	0	5	1	2	1	3	0	0	0	10	2
12	^{147}Pm	0	0	0	0	0	0	0	0	6	2	6	2
13	^{75}Se	0	0	5	4	0	0	0	0	0	0	5	4
14	^{252}Cf	0	0	0	0	0	0	4	4	0	0	4	4
15	^{57}Co	0	0	0	0	0	0	0	0	3	3	3	3
16	^{22}Na	0	0	0	0	0	0	0	0	1	1	1	1
合计		159	13	206	169	345	235	52	23	544	340	1 306	780

2. 非密封放射性物质相关业务

（1）非密封放射性物质进口审批情况。

2020年生态环境部批准非密封放射性物质（含放射性药品及其原料）进口审批461件，涉及核素共有72种，总活度为1.81×10^{16} Bq，具体统计结果详见表24。批准进口量最多的前三种核素分别为^{192}Ir（1.07×10^{16} Bq）、^{99}Mo（1.78×10^{15} Bq）和^{131}I（1.56×10^{15} Bq）。

表24　非密封放射性物质进口统计表

序号	核素	活度/Bq
1	^{192}Ir	1.07×10^{16}
2	^{99}Mo	1.78×10^{15}
3	^{131}I	1.56×10^{15}
4	^{75}Se	1.20×10^{15}
5	^{3}H	9.59×10^{14}
6	^{99}Mo（^{99}mTc）	8.12×10^{14}
7	^{238}U（天然铀，粉末）	6.31×10^{14}
8	^{125}I	2.87×10^{14}
9	^{238}Pu	1.40×10^{14}
10	^{235}U（低浓铀，固态）	1.49×10^{13}
11	^{153}Sm	1.26×10^{13}
12	^{235}U（低浓铀，芯块）	1.12×10^{13}
13	^{177}Lu	6.29×10^{12}
14	^{90}Y	4.76×10^{12}
15	^{14}C	4.12×10^{12}
16	^{63}Ni	3.89×10^{12}
17	^{32}P	3.88×10^{12}
18	^{235}U（低浓铀，粉末）	3.49×10^{12}
19	^{85}Kr	3.19×10^{12}
20	^{89}Sr	1.94×10^{12}
21	^{90}Sr	1.85×10^{12}
22	^{241}Am	1.37×10^{12}
23	^{123}I	7.70×10^{11}
24	^{68}Ge（^{68}Ga）	6.27×10^{11}

续表

序号	核素	活度/Bq
25	^{188}W (^{188}Re)	1.55×10^{11}
26	^{225}Ac	7.47×10^{10}
27	^{137}Cs	5.11×10^{10}
28	^{244}Cm	4.80×10^{10}
29	^{45}Ca	4.53×10^{10}
30	^{129}I	4.44×10^{10}
31	^{51}Cr	4.07×10^{10}
32	^{59}Fe	3.70×10^{10}
33	^{35}S	3.15×10^{10}
34	^{223}Ra	3.00×10^{10}
35	^{124}I	2.22×10^{10}
36	^{55}Fe	1.85×10^{10}
37	^{111}In	1.85×10^{10}
38	^{33}P	1.45×10^{10}
39	^{89}Zr	1.13×10^{10}
40	^{85}Sr	7.60×10^{9}
41	^{22}Na	7.48×10^{9}
42	^{54}Mn	7.44×10^{9}
43	^{57}Co	7.40×10^{9}
44	^{65}Zn	7.40×10^{9}
45	^{68}Ga	5.55×10^{9}
46	^{99}Tc	3.53×10^{9}
47	^{60}Co	2.91×10^{9}
48	^{68}Ge	2.41×10^{9}
49	^{147}Pm	2.00×10^{9}
50	^{243}Am	8.14×10^{8}
51	^{242}Pu	2.86×10^{8}
52	^{天然}U	2.00×10^{8}
53	^{90}Sr (^{90}Y)	2.00×10^{8}
54	^{152}Eu	9.40×10^{7}

续表

序号	核素	活度/Bq
55	^{237}Np	8.98×10^{7}
56	多核素	5.56×10^{7}
57	^{88}Y	4.00×10^{7}
58	^{134}Cs	4.00×10^{7}
59	^{113}Sn	4.00×10^{7}
60	^{139}Ce	4.00×10^{7}
61	^{109}Cd	4.00×10^{7}
62	^{232}Th	2.64×10^{7}
63	^{204}Tl	2.00×10^{7}
64	^{239}Pu	8.54×10^{6}
65	多核素校准源	3.20×10^{6}
66	^{235}U	2.91×10^{6}
67	^{238}U	1.56×10^{6}
68	^{210}Pb	7.40×10^{5}
69	^{226}Ra	3.02×10^{5}
70	^{236}U	2.20×10^{4}
71	^{228}Th	2.00×10^{4}
72	^{234}U	1.20×10^{4}
合计		1.81×10^{16}

（2）非密封放射性物质出口审批情况。

2020 年生态环境部批准非密封放射性物质（含放射性药品及其原料）出口审批 13 件，涉及核素共有 8 种，总活度为 4.63×10^{16} Bq，具体统计结果详见表 25。批准出口量最多的前三种核素分别为 ^{60}Co（4.63×10^{16} Bq）、^{68}Ge（^{68}Ga）（2.74×10^{10} Bq）和 ^{125}I（6.48×10^{9} Bq）。

表 25 非密封放射性物质出口统计表

序号	核素	活度/Bq
1	^{60}Co	4.63×10^{16}
2	^{68}Ge（^{68}Ga）	2.74×10^{10}
3	^{125}I	6.48×10^{9}
4	^{133}Ba	7.00×10^{6}

续表

序号	核素	活度/Bq
5	^{235}U（低浓铀，粉末）	2. 27×10^{6}
6	^{241}Am	3. 50×10^{5}
7	^{137}Cs	1. 50×10^{5}
8	^{210}Pb	1. 20×10^{5}
合计		4. 63×10^{16}

第八章　放射性物品运输

第一节　概况

截至2020年12月底，我国国内共计有33个一类放射性物品运输容器的设计（含国外容器在中国境内的使用）批准；持有一类放射性物品运输容器制造许可的制造单位共计8家，共计30家托运人从事的一类放射性物品的运输活动。

第二节　安全情况

2020年，我国放射性物品运输活动安全实施，未发生核与辐射事件或事故。完善监管法规体系，修订《放射性物品运输核与辐射安全分析报告书格式和内容》，制定《乏燃料公海铁联运安全分析报告格式和内容》安全导则和《放射性物品安全运输货包的泄漏检验》《乏燃料运输容器结构分析的载荷组合和设计准则》技术标准；落实二、三类放射性物品运输责任，开展二类放射性物品运输容器备案。

2020年，颁发3个一类放射性物品运输容器设计批准书（含2个变更和延续）；批准8个境外设计制造的一类放射性物品运输容器在中国境内使用（含3个延续）；批复24个放射性物品运输核与辐射安全分析报告书（含13个变更和延续）。

2020年放射性物品运输安全监管领域的主要行政审批事项见表26。

表26　2020年放射性物品运输安全监管领域的主要行政审批事项

日期	批准文号	文件名称
2020-01-07	国核安发〔2020〕8号	关于颁发中广核铀业发展有限公司2台NAC-STC乏燃料运输容器使用批准书的通知
2020-01-07	国核安发〔2020〕9号	关于颁发中核清原环境技术工程有限责任公司3台NAC-STC乏燃料运输容器使用批准书的通知

续表

日期	批准文号	文件名称
2020-01-12	国核安发〔2020〕13 号	关于批准田湾核电站 AFA3G 型燃料组件运输核与辐射安全分析报告书的通知
2020-01-12	国核安发〔2020〕17 号	关于批准中核北方核燃料元件有限公司田湾 5、6 号机组燃料组件运输核与辐射安全分析报告书的通知
2020-01-17	国核安发〔2020〕23 号	关于批准防城港核电站燃料组件公路运输核与辐射安全分析报告书有效期延续的通知
2020-02-04	国核安发〔2020〕29 号	关于批准中核清原环境技术工程有限责任公司 I 类放射源运输核与辐射安全分析报告书的通知
2020-02-04	国核安发〔2020〕38 号	关于批准^{20}GY、^{40}GY、^{60}Co 运输容器设计批准书有效期延续的通知
2020-03-05	国核安发〔2020〕45 号	关于批准诺迪安（加拿大）公司 F-127 型运输容器在中华人民共和国境内使用有效期延续的通知
2020-03-05	国核安发〔2020〕46 号	关于批准 CNSC 乏燃料运输容器设计批准书变更的通知
2020-03-10	国核安发〔2020〕50 号	关于批准^{36}N 特征化乏燃料运输核与辐射安全分析报告书的通知
2020-04-20	国核安发〔2020〕85 号	关于批准海南昌江核电站燃料组件运输核与辐射安全分析报告书批准书延续的通知
2020-04-20	国核安发〔2020〕86 号	关于批准中核同兴（北京）核技术有限公司^{60}Co 源（F-168/F-168-X 型容器）运输核与辐射安全分析报告书的通知
2020-04-20	国核安发〔2020〕87 号	关于批准北京北科核源科贸有限公司^{60}Co 放射源公路运输核与辐射安全分析报告书的通知
2020-04-23	国核安发〔2020〕89 号	关于批准中核清原环境技术工程有限责任公司 NAC-STC 型乏燃料运输容器使用批准书延续的通知
2020-04-23	国核安发〔2020〕94 号	关于批准江苏核电有限公司 TK-C5-M 新燃料运输容器使用批准书有效期延续的通知
2020-05-13	国核安发〔2020〕104 号	关于批准诺迪安 γ 刀用钴源运输核与辐射安全分析报告书变更的通知
2020-05-13	国核安发〔2020〕106 号	关于批准瑞典 Lekselly 刀用钴源运输核与辐射安全分析报告书变更的通知
2020-05-21	国核安发〔2020〕114 号	关于批准秦山第三核电有限公司 CANDU 反应堆钴调节棒束运输核与辐射安全分析报告书变更的通知

续表

日期	批准文号	文件名称
2020-05-25	国核安发〔2020〕117号	关于批准《中核北方核燃料元件有限公司田湾5、6号机组燃料组件运输核与辐射安全分析报告书》运输计划调整的通知
2020-05-25	国核安发〔2020〕118号	关于批准北京双原同位素技术有限公司^{60}Co放射源SY-I（A）型容器运输核与辐射安全分析报告书延续的通知
2020-06-28	国核安发〔2020〕136号	关于批准中核同兴（北京）核技术有限公司钴源（FCTC10型容器）运输核与辐射安全分析报告书延续的通知
2020-07-16	国核安发〔2020〕151号	关于批准《中核北方核燃料元件有限公司三门核电燃料组件运输核与辐射安全分析报告书》变更的通知
2020-07-16	国核安发〔2020〕152号	关于批准中国原子能工业有限公司UF_6产品进出口铁路运输核与辐射安全分析报告书延续的通知
2020-07-23	国核安发〔2020〕160号	关于批准辽宁省城市放射性废物库一类放射性物品运输核与辐射安全分析报告书的通知
2020-07-23	国核安发〔2020〕161号	关于批准湖北省城市放射性废物库一类放射性物品运输核与辐射安全分析报告书的通知
2020-10-23	国核安发〔2020〕246号	关于颁发中广核铀业发展有限公司4台NAC-STC乏燃料运输容器使用批准书的通知
2020-10-23	国核安发〔2020〕247号	关于批准宜宾——红沿河新燃料组件公路运输核与辐射安全分析报告书（变更补充报告）的通知
2020-11-24	国核安发〔2020〕264号	关于批准3977A运输容器在中华人民共和国境内使用的通知
2020-11-26	国核安发〔2020〕268号	关于颁发中广核研究院有限公司ANT-12A型新燃料运输容器设计批准书的通知
2020-11-26	国核安发〔2020〕269号	关于批准原子高科股份有限公司^{131}I、^{99}Mo放药原料（国内）公路运输核与辐射安全分析报告书的通知
2020-11-28	国核安发〔2020〕272号	关于批准BEATRICE运输容器及JANE运输容器在中华人民共和国境内使用的通知
2020-12-07	国核安发〔2020〕282号	关于批准大连中核辐射技术有限公司兰州至大连^{60}Co放射源（GY-20型容器）运输核与辐射安全分析报告书的通知

续表

日期	批准文号	文件名称
2020-12-07	国核安发〔2020〕283 号	关于批准宜宾——海南昌江核电站新燃料组件运输核与辐射安全分析报告书（变更补充报告）的通知
2020-12-07	国核安发〔2020〕284 号	关于批准宜宾——大亚湾、岭澳、阳江核电站新燃料组件运输核与辐射安全分析报告书（变更补充报告）的通知
2020-12-07	国核安发〔2020〕285 号	关于批准中金辐照股份有限公司^{60}Co放射源（GY-20 型容器）运输核与辐射安全分析报告书的通知
2020-01-27	国核安函〔2020〕12 号	关于同意成都中核高通同位素股份有限公司 8 个一类放射性物品运输核与辐射安全分析报告批准书法定代表人变更的复函
2020-03-30	国核安函〔2020〕31 号	关于同意中广核铀业发展有限公司 ENUN 24P 乏燃料运输容器使用批准书单位住所变更的复函
2020-04-20	国核安函〔2020〕37 号	关于同意中国核电工程有限公司放射性物品运输容器设计批准书中法定代表人信息变更的复函
2020-06-28	国核安函〔2020〕57 号	关于同意中国核动力研究设计院一类放射性物品运输容器设计许可证信息变更的复函
2020-07-16	国核安函〔2020〕65 号	关于同意中国核电工程有限公司放射性物品运输容器设计批准书中法定代表人信息变更的复函

2020 年，各地区核与辐射安全监督站对放射性物品运输安全开展监督检查 18 次，共发现问题 3 个，提出管理要求 3 条。

第九章　民用核安全设备监管

第一节　民用核安全设备监督管理

截至2020年底，国家核安全局全年受理并立项审查的民用核安全设备许可证申请单位共120家。批准了132家单位的许可证申请，其中新取证单位13家，延续许可证单位31家，变更许可证单位88家。

1. 国内民用核安全设备许可证持证单位数据情况

国家核安全局与原机械电子工业部以及原能源部于1992年联合发布部门规章——《民用核承压设备安全监督管理规定》，明确对民用核承压设备以行政许可的方式实施核安全监督管理。2008年施行的《民用核安全设备监督管理条例》（以下简称《条例》）扩大了民用核安全设备的监督管理范围，在承压机械设备的基础上增加了核安全电气设备，并将专门从事无损检验工作的单位纳入监督管理。同步施行的配套部门规章《民用核安全设备设计制造安装和无损检验监督管理规定》（HAF601）对许可制度的管理和监督进行了详细的规定。

国务院核安全监管部门近年来试行许可证退出机制，基本实现了许可证的动态管理。截至2020年12月底，民用核安全设备设计、制造、安装和无损检验许可证持证单位共计216家。按照许可证设备种类统计，从事核安全机械设备（设计、制造、安装和无损检验）活动的单位154家，占持证单位总数的71.3%；从事核安全电气设备（设计、制造和安装）活动的单位73家，占持证单位总数的28.7%；同时从事机械设备和电气设备活动的单位11家。民用核安全设备许可证设备种类具体情况如图8所示。

《条例》中规定民用核安全设备包括核安全机械设备和核安全电气设备。图8将核安全级机械设备和核安全级（1E级）电气设备两类进行区分统计。从图8可以看出，从事机械设备活动的单位数量远大于从事电气设备活动的单位数量，这与其包含的设备类别数量有关，在《民用核安全设备目录（2016年修订）》中，对于核动力厂及研究堆等核设施通用核安全设备，核安全机械设备包含19类设备，而核安全电气设备仅包含9类设备。仅从事机械设备活动的单位为143家，占持证单位总数的66.2%；仅从事电气设备活动的单位为62家，占总数的28.7%；同时从事机械设备和电气设备活动的单位11家，占总数的5.1%。

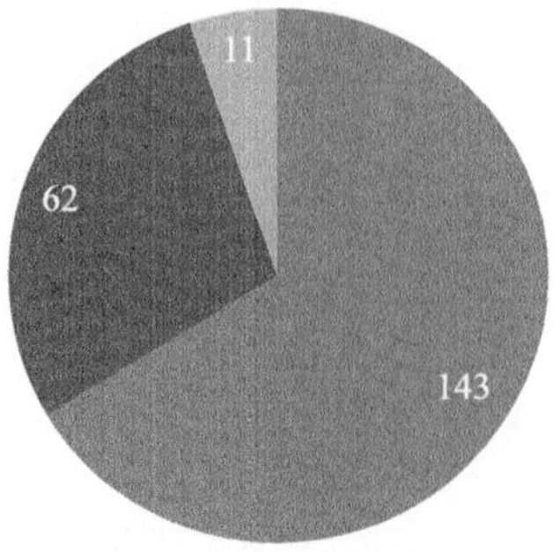

图 8　民用核安全设备许可证设备种类统计图

《条例》中规定民用核安全设备许可证包括设计、制造、安装和无损检验许可证。民用核安全设备许可证类别具体情况如图 9 所示。

在《民用核安全设备目录（2016 年修订）》通用核安全设备目录中，泵、阀、风机、压缩机和阻尼器等能动机械设备和核安全电气设备等可以同时颁发设计和制造许可证，由图 9 数据可知，同时持有设计和制造许可证的单位数量最多；其他的设备类别均只颁发制造许可证，仅持有制造许可证的单位数量次之；需要特别说明的是，从事设备初步设计的单位（设计院）也同样颁发设计许可证，与设备设计许可证不同的是，设计院的设计许可证是针对民用核安全设备进行初步设计，而普通设计许可证是针对民用核安全设备依据技术规格书进行施工设计，由图 9 数据可知，仅从事设计活动的单位数量不足 10 家，其中包括仅从事机械设备设计活动单位 3 家，仅从事电气设备设计活动的单位 2 家，以及同时从事机械和电气设备设计活动的单位 4 家。

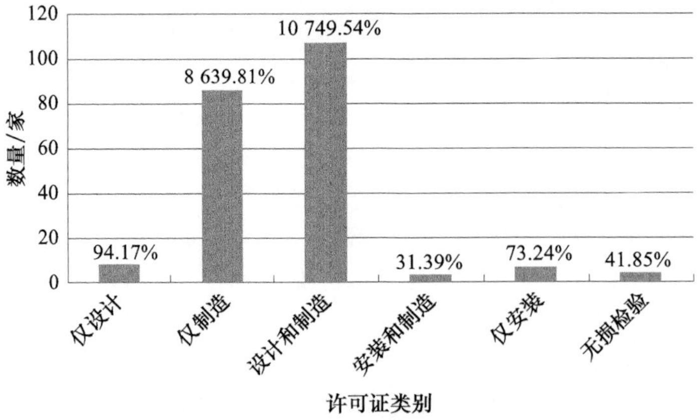

图 9　许可证类别统计图

《条例》理顺和完善了民用核安全设备的监管范围，加大了监管力度。《条例》自 2008 年施行以来，经过十余年的监管实践和经验反馈，民用核安全设备监管已形成了较为成熟的机制。在此过程中，民用核安全设备活动持证单位数量稳中有升。截至 2020 年

12 月底，民用核安全设备活动持证单位数量为 216 家，具体情况如图 10 所示。

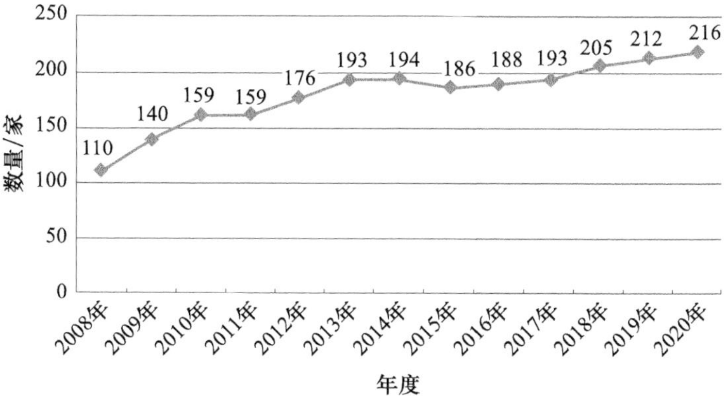

图 10　2008—2020 年度持证单位统计

2. 民用核安全设备行政处罚情况

依据《核安全法》和《条例》的相关条款规定，国务院核安全监管部门对存在违反核安全法规事实和证据的许可证持证单位行使行政处罚权。随着许可证持证单位数量增加，国务院核安全监管部门核安全监督检查频次和力度的增加，通过检查或举报核查的方式查明违反核安全法规事实的案例也逐步增加。本文仅以近五年对持证单位进行核安全行政处罚的数据为例，2016 年度对上海重型机器厂有限公司和苏州东仪核电科技股份有限公司等 6 家许可证持证单位实施了核安全行政处罚决定，其中苏州东仪核电科技股份有限公司因逾期未整改，仍存在质量保证体系运转失控和检验试验记录造假等违规问题，国务院核安全监管部门对其持有的设计和制造许可证予以吊销决定。另外，2015 年度对 4 家持证单位实施行政处罚，2017 年度和 2019 年度均处罚了 3 家违反核安全法规的持证单位。2020 年度无核安全行政处罚决定。

3. 境外民用核安全设备注册登记单位数据情况

截至 2020 年 12 月底，民用核安全设备活动境外单位注册登记确认书持证单位共计 179 家。按照注册登记确认书设备种类统计，从事核安全机械设备（设计、制造和无损检验）活动的单位 121 家；从事核安全电气设备（设计、制造）活动的单位 61 家；同时从事机械设备和电气设备活动的单位 3 家，均为综合类注册登记单位。按照注册登记确认书类别统计，综合类注册登记单位（核安全机械设备及电气设备的系统设计和制造）3 家，仅设计类注册登记单位 4 家，仅制造类注册登记单位 46 家，同时具有设计类和制造类的注册登记单位 126 家，无损检验类注册登记单位 3 家，目前尚未对境外单位颁发安装类注册登记确认书，故安装类注册登记单位为 0 家。境外单位注册登记情况如图 11 和图 12 所示。

HAF604 规定注册登记确认书分为四类，即境外设计、制造、安装和无损检验。图 11 所示，同时具有设计类和制造类的注册登记单位数量远大于单独具有某一类注册登记数量，占注册登记单位总数的 70. 39%，这一点与国内民用核安全设备许可证持证单位分布统计数据相一致；仅制造类注册登记单位比例为 25. 7%；仅设计类注册登记单位比例与无损检验类注册登记单位比例相近，均在 3%以下。

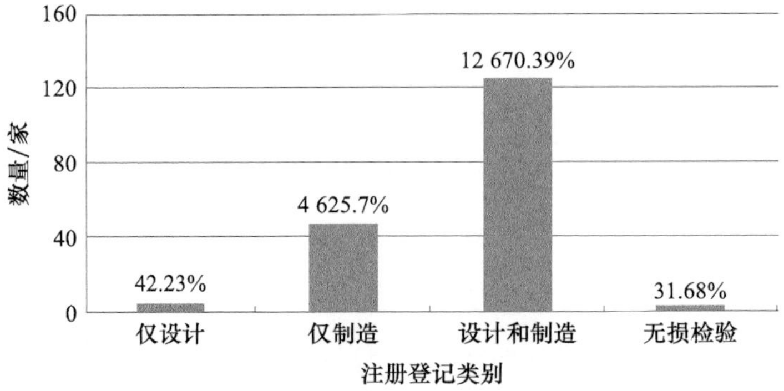

图 11　注册登记单位类别统计

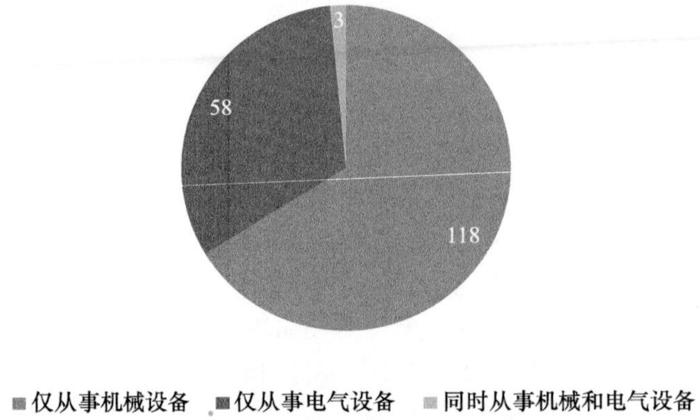

图 12　注册登记确认书设备种类统计图

境外注册登记单位所在国别统计数据表明，目前在我国进行注册登记的境外单位分属于法国等 18 个国家，较上年同期持平；持有境外注册登记单位国别最多的四个国家与上年相同，分别为法国、美国、俄罗斯和德国，其注册登记单位数量总和为 125 家，占注册登记单位总数的 69. 83%，较上年同期低约 1. 67 个百分点，这与全球新冠肺炎流行导致境外单位注册登记遇到阻力有关，新冠肺炎的流行使得境外单位不能有效、及时的准备申请材料、答复相关问题等（见图 13）。

总体来看，注册登记单位数量最高的是法国，现有注册登记单位 44 家，占比达 24. 58%；其次是美国，现有注册登记单位 30 家，占比为 16. 76%；再次是俄罗斯，现有注册登记单位 26 家，占比为 14. 53%；排名第四的是德国，其注册登记单位数量是 25 家，占比为 13. 97%。在前 4 位持有境外单位注册登记确认书的国家中，仅俄罗斯较上年同期注册登记单位数量增加，这与中俄两国合作的深入推进有关。目前，我国引进的俄罗斯先进 VVER 堆型应用于田湾 1—4 号机组到 7&8 号机组和徐大堡核电站，大量俄罗斯设备制造单位一直为我国 VVER 堆型提供核电主要设备。同时，鉴于我国核电堆型以压水堆为主，因此，对于加拿大、日本等重水堆和沸水堆为主的传统国家而言，在我国的境外注册登记单位数量少。

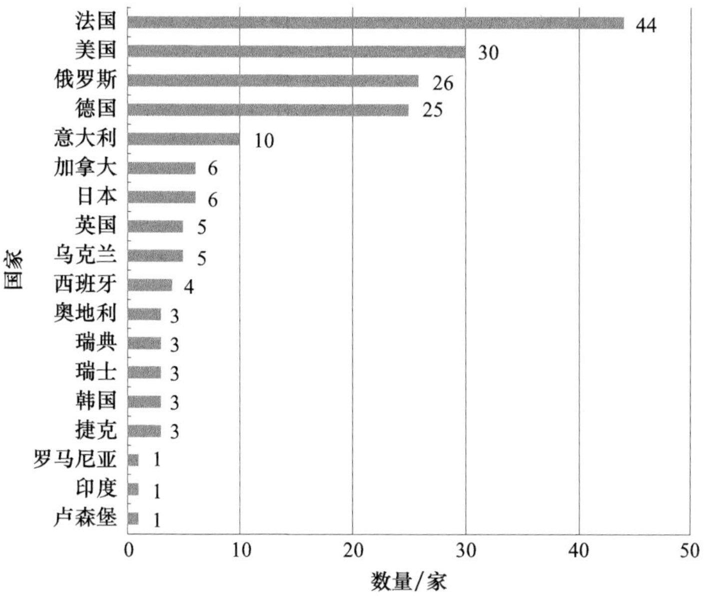

图 13　注册登记单位所在国别统计

2020 年底，取得境外注册登记确认书的单位数量与上年同期持平。具体情况如图 14 所示。

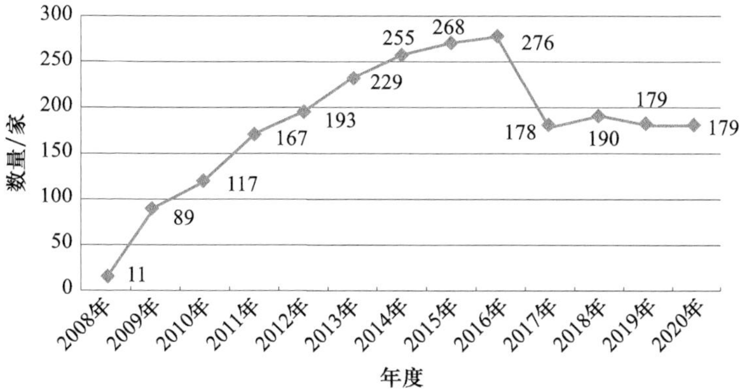

图 14　2008—2020 年度注册登记单位数量统计

第二节　进口民用核安全设备安全检验

1. 安全检验申报文件

截至 2020 年 12 月 31 日，共有 52 家报检单位向生态环境部（国家核安全局）提交了 3 399 批次口岸申报文件、2 718 批次开箱申报文件、2 250 批次安全检验申报文件。安全检验中发现的问题量处在可控范围内。2012—2020 年，共发出文件审评问题单 1 303 份，申报文件退回发文 455 份（见图 15）。

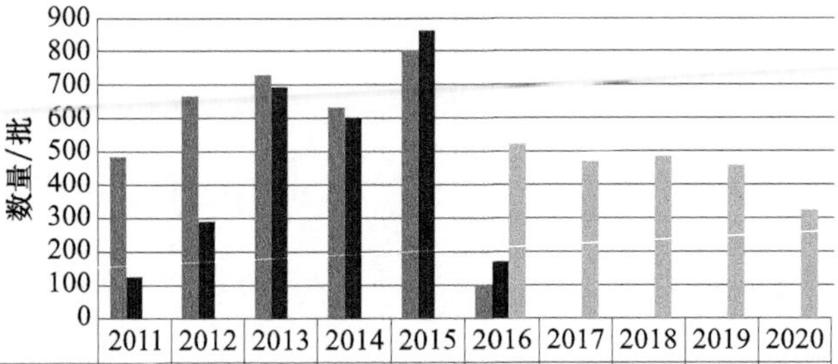

	2011	2012	2013	2014	2015	2016	2017	2018	2019	2020
口岸报检申报文件	485	668	726	627	796	97				
开箱报检申报文件	122	291	692	594	855	164				
安全检验申报文件						522	465	490	452	321

图 15　安全检验文件申报数量

2. 进口设备供应商

截至 2020 年 12 月 31 日，接受我国安全检验的进口核安全设备供应商包括 18 个国家的供应商，其中法国设备供应商供货范围较广，涉及的安全检验申报批次达到 2 782 批，占总报检批次的 44. 74%。详见图 16、表 27。

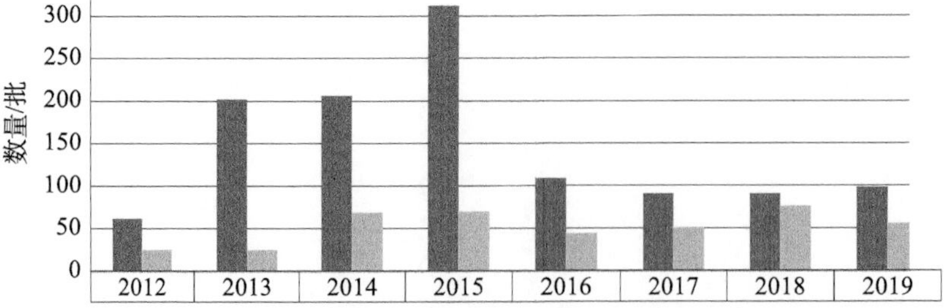

图 16　安全检验文件审评问题单、退回发文数量

表 27　各国设备供应商数量及报检批次表

序号	国家	涉及报检批次
1	法国	2 782
2	美国	925
3	德国	847
4	俄罗斯	536
5	意大利	370
6	日本	188
7	英国	137
8	奥地利	118
9	韩国	94
10	乌克兰	65
11	瑞典	32
12	卢森堡	30
13	瑞士	28
14	西班牙	26
15	印度	14
16	比利时	11
17	罗马尼亚	11
18	捷克	4

3. 安全检验开箱见证检查及补充验证数据

开箱申报文件经审查合格后，相关报检单位向安全检验机构提交设备开箱检查申请，安全检验机构进行选点见证检查。2013—2020 年，核与辐射安全中心在核设施现场外对 596 批次的进口核安全设备开箱检查活动进行了见证检查，对 548 批次的设备进行了补充验证，见图 17。

4. 安全检验总报告数据

2012 年，随着《进口民用核安全设备安全检验大纲》的实施，进口民用核安全设备安全检验总报告开始作为机组首次装料批准书的依据之一。2012—2020 年，共编写 32 份进口民用核安全设备安全检验总报告，各年分布见图 18。

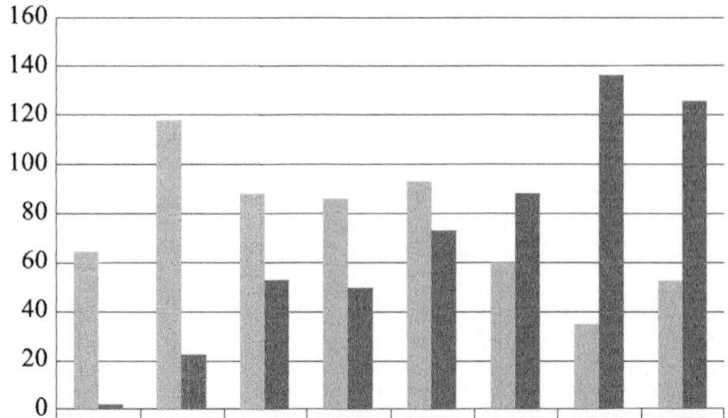

	2013	2014	2015	2016	2017	2018	2019	2020
开箱见证检查批次	64	118	88	86	93	59	35	53
检验试验批次	2	22	52	49	73	88	136	126

图 17　开箱见证检查及补充验证批次

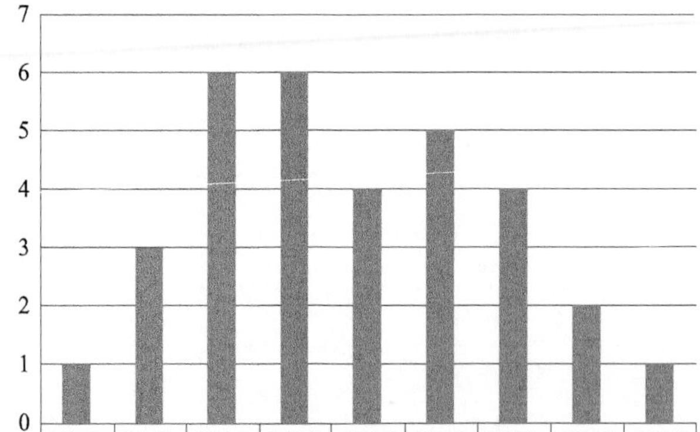

	2012	2013	2014	2015	2016	2017	2018	2019	2020
总报告编写数量	1	3	6	6	4	5	4	2	1

图 18　历年编写的总报告数量

5. 经验反馈报告数据

为促进进口核设备相关单位及时分享设备质量信息、防止质量事件反复发生，同时推广安检良好实践，2012 年起，逐步探索建立进口民用核安全设备检验反馈制度，并于同年编制出版了首部进口民用核安全设备经验反馈汇编。截至 2020 年，已编制出版了 9 本经验反馈汇编，收集整理了近年来安全检验过程中发现的 130 个典型案例，涵盖安全检验各阶段中出现的违反法律法规、质保体系未有效运行、设备设计缺陷、设备运输损坏、采购单位主体责任落实不力、质量文件涉嫌造假等重要问题。典型案例深度剖析质量事件，重点关注事件背后深层次原因，并给出相应工作建议。通过分享经验反馈信息促进各核电工程公司、营运单位、设备制造厂等采购单位进一步规范进口民用核安全设备采购管理，不断提升质量管理水平，切实落实质量主体责任。经验反馈报告数量统计见图 19。

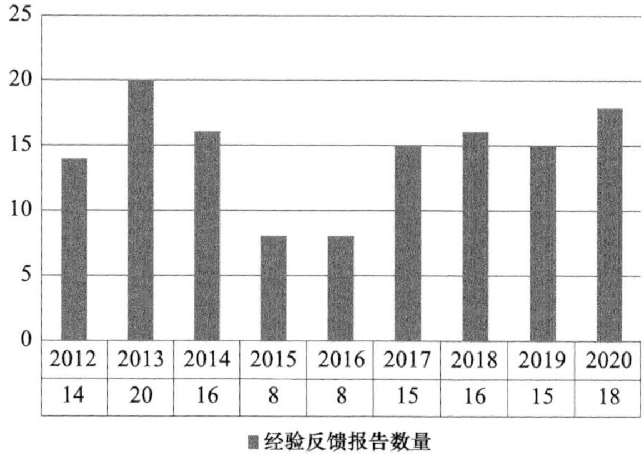

图 19　编写经验反馈报告数量

第二部分　监管活动

第一章　整体情况

2020 年，生态环境部（国家核安全局）依法对民用核设施场内应急预案开展审评和复审，对核设施日常应急准备情况、场内综合应急演习进行监督检查和评估，有效加强对核设施应急准备工作的监督管理；对省级辐射事故应急演习加强督导和协调，完成省级辐射环境应急能力评估工作；不断加强自身应急准备与应急响应能力，圆满完成多项核与辐射应急工作任务。截至 2020 年 12 月 31 日，生态环境部（国家核安全局）应急监测网现接入各类自动站监测站点 581 个，其中包括：国控点 303 个、省控点 19 个、监督性监测点 113 个、核设施监测点 146 个。

2020 年，生态环境部（国家核安全局）共组织召开 4 次民用核设施核反应堆操纵人员资格核准委员会会议，颁发 5 批民用核设施操纵人员执照，共计 1 775 人，其中核动力厂操纵人员 1 697 人，民用研究堆操纵人员 78 人。

2020 年，发布 2 批民用核安全设备无损检验人员考试计划，组织全国 5 家无损检验人员考核单位举行 19 场无损检验人员资格考试，颁发 3 批民用核安全设备无损检验人员资格证书，共批准 1 085 人、1 152 项。

2020 年，发布 2 批民用核安全设备焊接人员考试计划，组织全国 13 家民用核安全设备焊接人员考核单位举行 21 场焊接人员资格考试，全年颁发 1 批民用核安全设备焊工焊接操作工资格证书，共批准 1 088 人，2 180 项；颁发 2 批民用核安全设备焊接人员资格证书，共批准 420 人，530 项。

2020 年，共有 893 人报名参加注册核安全工程师执业资格全国统一考试，678 人实际参考，170 人取得注册核安全工程师执业资格。全年共完成 4 批次注册核安全工程师注册登记，批准 567 人的注册申请，其中注册 276 人，延续注册 289 人，注册单位变更 2 人。

2020 年，全年正式发布《核动力厂营运单位核安全报告规定》《核动力厂管理体系安全规定》《核动力厂反应堆安全壳及其有关系统的设计》等 37 项法规标准文件，其中部门规章 2 项、核安全导则 7 项、国家标准 2 项，环境标准 16 项，技术文件 10 项；国家核安全专家委员会审议法规标准项目 32 项、46 项次。

2020 年，是“十三五”收官之年，也是“十四五”谋篇布局之年，生态环境部（国家核安全局）组织开展了《核安全与放射性污染防治“十四五”规划及 2035 年远景目标》（以下简称“规划”）编制工作，及《核安全与放射性污染防治“十三五”规划及 2025 年远景目标》终期评估工作。

2020 年，国家核安全局网站共发布信息 2 804 篇，浏览量达 152 万次；英文网站共发布信息 14 篇；微信公众号共发布图文 1 198 篇，共 392 期，图文阅读量累计达 43 万次，关注人数 3. 6 万人（同比增长 1 万人），转发量达 1. 7 万次。

第二章　监管体系建设

我国已建立以生态环境部（国家核安全局）为行政核心的“三司六站二中心”的核安全监督管理体系，包括：核设施安全监管司、核电安全监管司、辐射源安全监管司；华北、华东、华南、西北、西南、东北六个地区监督站；核与辐射安全中心（核安全设备监管中心）、辐射环境监测技术中心两个技术支持单位。中央本级安全监管的人员编制为 1 106 人，其中局机关总部 85 人，6 个地区监督站 331 人，核与辐射安全中心 600 人，辐射环境监测技术中心 90 人。

除了中央本级，我国除台湾、香港、澳门以外的 31 个省（区、市）全部设立了独立的辐射安全监管机构，省级机构总编制超过 1 500 人；31 个省的 445 个地市级行政区中，约有 300 个成立了辐射安全监管机构，地市级辐射安全监管人员总数超过 2 000 人。区县级行政区约有 250 个成立了辐射安全监管机构，其他没有成立辐射安全监管机构的区县，均有兼职监管人员（见图 20）。

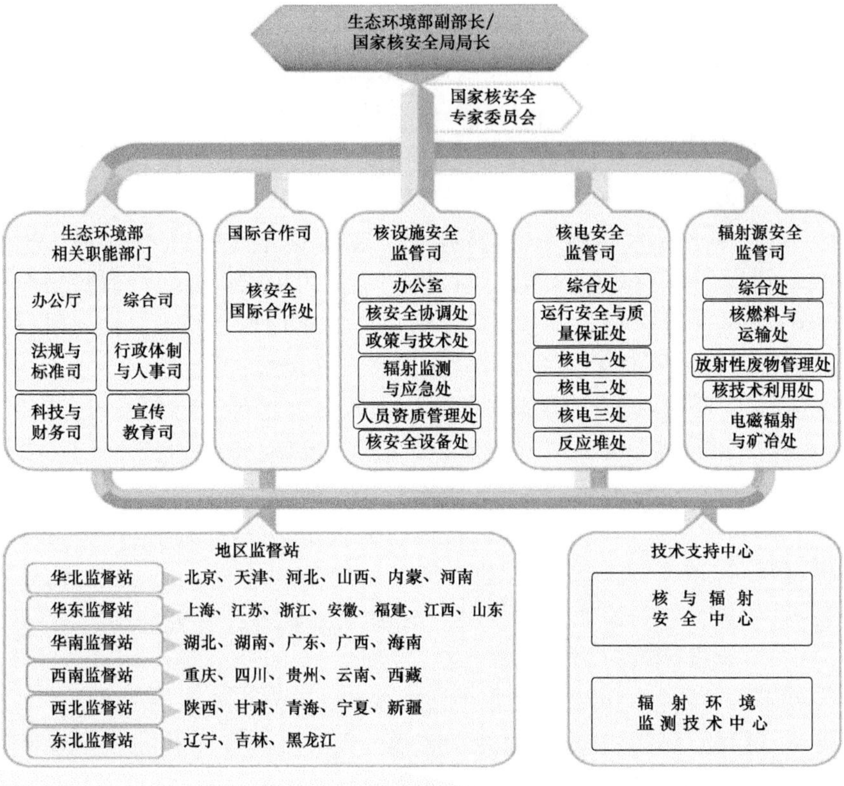

图 20　组织机构图

第三章　核与辐射事故应急管理

第一节　概况

2020 年，生态环境部（国家核安全局）依法对民用核设施场内应急预案开展审评和复审，对核设施日常应急准备情况、场内综合应急演习进行监督检查和评估，有效加强对核设施应急准备工作的监督管理；对省级辐射事故应急演习加强督导和协调，完成省级辐射环境应急能力评估工作；不断加强自身应急准备与应急响应能力，圆满完成多项核与辐射应急工作任务。

截至 2020 年 12 月 31 日，生态环境部（国家核安全局）应急监测网现接入各类自动站监测站点 581 个，其中包括：国控点 303 个、省控点 19 个、监督性监测点 113 个、核设施监测点 146 个。

第二节　应急演习情况

1. 生态环境部（国家核安全局）应急演习

为全面加强生态环境部（国家核安全局）核与辐射事故应急准备工作，强化人员应急意识、提升应急响应能力，宣贯 2020 年新版生态环境部（国家核安全局）核与辐射事故应急预案并落实相关要求，生态环境部（国家核安全局）于 10 月 23 日与大亚湾核电基地联动，开展核事故应急演习。演习由刘华副部长担任总指挥，演习行动基本按照新版预案的要求开展，起到了锻炼队伍、检验预案的效果。

2. 省级辐射事故应急演习

全国共有 6 个省（自治区）开展了省级辐射事故综合应急演习工作，生态环境部（国家核安全局）协调各地区监督站对各省辐射事故综合应急演习进行了全程督导。通过演习增进了地方政府对辐射事故应急工作的重视，落实了地方政府辐射应急工作主体责任，锻炼了人员队伍，检验了应急预案和设施设备，提高了应急响应与处置能力，进一步推动了辐射安全监管工作。

3. 核设施应急演习

全国共有 14 个核设施营运单位开展了核事故应急演习工作。其中，阳江、海阳、三门、宁德、福清、秦山、大亚湾、田湾、石岛湾等 9 个核电厂为场内综合应急演习；其他为研究堆和核燃料循环设施综合应急演习（见表 28）。

生态环境部（国家核安全局）对上述演习进行了全过程监督评估，针对检查和监督评估中发现的问题，进行系统整理，提出核安全管理要求。

表 28　2020 年部、各省及各核设施应急演习开展情况

序号	应急类别	日期	单位/地点	内容
1	核	1.9	中核北方核燃料元件有限公司	综合演习
2	核	6.30	阳江核电厂	综合演习
3	核	7.8	海阳核电厂	综合演习
4	核	7.22	三门核电厂	综合演习
5	辐射	7.28	内蒙古自治区省级辐射事故综合演习	综合演习
6	核	8.19	宁德核电厂	综合演习
7	核	8.26	中核四〇四有限公司	综合演习
8	核	9.2	福清核电厂	综合演习
9	辐射	9.18	东北拉练演习	联动演习
10	核	9.22	中核二七二铀业有限责任公司综合演习	综合演习
11	辐射	9.23	西藏自治区省级辐射事故综合演习	综合演习
12	核	9.23	秦山核电厂	综合演习
13	核	10.23	大亚湾核电基地	综合演习
14	核	10.23	生态环境部（国家核安全局）	联动演习
15	辐射	11.13	福建省省级辐射事故综合演习	综合演习
16	辐射	11.17	甘肃省省级核与辐射事故综合演习	综合演习
17	辐射	11.19	川—渝省级应急监测联动演练	跨省联动演习
18	核	11.24	中核建中核燃料元件有限公司	综合演习
19	辐射	12.10	辽宁省省级辐射事故综合演习	综合演习
20	核	12.10	田湾核电厂	综合演习
21	辐射	12.14	广东省省级辐射事故综合演习	综合演习
22	核	12.17	石岛湾核电厂	综合演习
23	核	12.29	中核兰州铀浓缩有限公司	综合演习

第三节 应急监督管理

1. 核设施监督审评

全年完成2个新建核设施首次装料审评、7个运行核设施应急预案复审、2个运行核设施演习方案审查，以及其他4个核设施相关技术文件的审查工作；完成5个研究堆营运单位、3个核燃料循环设施、3个低放废物处置场、1个HTR高温气冷堆、1个浮动堆的应急预案及专题报告的审评工作；共计形成审评问题和工作单576个，提交完成技术文件32份。

2. 省级辐射环境应急能力督导

继续开展对全国31个省（自治区、直辖市）的辐射环境监测及应急能力的全面评估工作，由各地区核与辐射安全监督站牵头，分片区组织技术专家完成对各省的应急能力评估工作，针对存在问题和不足，提出了相关改进建议和管理要求。

第四节 应急准备情况

1. 应急值守

2020年持续做好生态环境部（国家核安全局）核与辐射事故应急值守工作，实行24小时双岗应急值班制度，加强对应急视频会议系统、应急网络、应急平台系统、应急值班手机运维管理，完成疫情期间、春节、两会、汛期、国庆、第三届进口博览会等重要时期、活动的应急值守保障工作，确保核与辐射应急响应体系有效运转；全年参与并保障完成国家核安全局与大亚湾核电厂联合应急演习1次，参与、配合核设施核事故应急演习、省级辐射事故应急演习共13次，保障完成各类部级业务相关视频会议65次。

2. 应急预案修订与培训

2020年完成生态环境部（国家核安全局）核与辐射事故应急相关预案及实施方案的修订工作，历经多轮讨论及反复修改，先后征集处理系统内/外修改意见212条，经部长办公会批准，最终颁布实施《生态环境部（国家核安全局）核事故应急预案》《生态环境部（国家核安全局）辐射事故应急预案》《生态环境部（国家核安全局）东北边境及周边地区辐射环境应急预案》3部、《核动力厂核事故应急专项实施方案》等专项方案8个。

针对新版预案，生态环境部组织部系统应急相应人员开展专项培训，参训人员300余人。通过培训，为新版预案的有效实施奠定了基础。

第四章 人员资质管理

第一节 概况

2020 年，编制完成《民用核设施操纵人员资格管理规定》并通过部务会审议，核设施操纵人员资格管理改革取得重要成果；《民用核安全设备焊接人员资格管理规定》和《民用核安全设备无损检验人员资格管理规定》两部部门规章平稳实施，完成相关程序文件制修订，整合考试资源，优化考试内容，组织应考尽考，强化对企服务。发布《核与辐射安全监管业务培训大纲（试行）》和《国家核安全局 2020 年度业务培训计划》，完善培训体系顶层设计，加强培训组织策划，规范管理，提升效能。依法严格实施人员资质许可，制定疫情特殊时期资格管理措施，服务“六稳、六保”大局。

第二节 民用核设施操纵人员

我国民用核设施操纵人员主要分为核动力厂和民用研究堆两部分，执照分为《操纵员执照》和《高级操纵员执照》两种。截至 2020 年年底，我国配备有持照操纵人员的核动力厂营运单位 12 家；民用研究堆营运单位共 5 家。

2020 年，全年共审评 4 批次民用核设施核反应堆操纵人员，共计 1 775 人，其中核动力厂操纵人员 1 697 人，民用研究堆操纵人员 78 人。

我国核动力厂操纵人员数量随着各新建机组的陆续装料投运，以及运行机组后备操纵人员逐渐吸纳，前些年数量稳步增长，但近年增速逐步趋缓。而近年来民用研究堆的反应堆数量和操纵人员数量基本维持稳定。以执照申请及更换情况为统计标准，情况如图 21 所示。

截至 2020 年底，我国核动力厂营运单位共 12 家，共计 2 874 人持有核动力厂操纵人员执照，其中 1 791 人持有高级操纵员执照，1 083 人持有操纵员执照（见表 29）。各机组操纵人员执照数量根据堆型需求有所不同，但营运单位操纵人员总数与机组数量成正比。

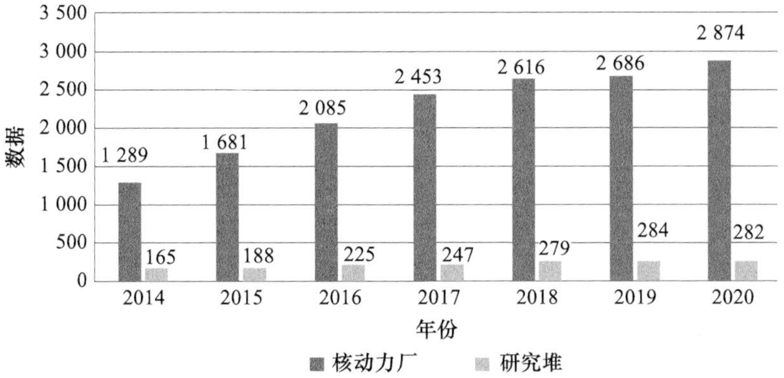

图 21　2014—2020 年我国民用核设施操纵人员数量统计（核动力厂、民用研究堆）

表 29　我国核动力厂操纵人员执照统计

核设施营运单位	核设施名称	高级操纵员	操纵员	小计
中核核电运行管理有限公司	秦山核电厂	42	17	59
	秦山第二核电厂 1、2 号机组	61	35	96
	秦山第二核电厂 3、4 号机组	67	33	100
	秦山第三核电厂 1、2 号机组	72	49	121
	方家山核电工程 1、2 号机组	68	33	101
大亚湾核电运营管理有限责任公司	大亚湾核电厂	82	27	109
	岭澳核电厂 1、2 号机组	77	33	110
	岭澳核电厂 3、4 号机组	74	26	100
江苏核电有限公司	田湾核电厂 1、2 号机组	67	80	147
	田湾核电厂 3、4 号机组	62	35	97
	田湾核电厂 5、6 号机组	39	54	93
福建宁德核电有限公司	宁德核电厂 1、2 号机组	77	40	117
	宁德核电厂 3、4 号机组	61	41	102
辽宁红沿河核电有限公司	红沿河核电厂 1、2 号机组	82	31	113
	红沿河核电厂 3、4 号机组	71	30	101
	红沿河核电厂 5、6 号机组	41	18	59
阳江核电有限公司	阳江核电厂 1、2 号机组	77	25	102
	阳江核电厂 3、4 号机组	85	26	111
	阳江核电厂 5、6 号机组	48	26	74
福建福清核电有限公司	福清核电厂 1、2 号机组	58	56	114
	福清核电厂 3、4 号机组	55	66	121
	福清核电厂 5、6 号机组	59	74	133

续表

核设施营运单位	核设施名称	高级操纵员	操纵员	小计
广西防城港核电有限公司	防城港核电厂 1、2 号机组	96	35	131
海南核电有限公司	昌江核电厂 1、2 号机组	54	57	111
三门核电有限公司	三门核电厂 1、2 号机组	83	41	124
山东核电有限公司	海阳核电厂 1、2 号机组	61	57	118
台山核电合营有限公司	台山核电厂 1、2 号机组	72	38	110
合计		1 791	1 083	2 874

截至 2020 年底，我国民用研究堆营运单位共 5 家，但绝大部分集中于中国原子能科学研究院、中国核动力研究设计院、清华大学 3 家，共计 282 人持有研究堆操纵人员执照，其中 143 人持有高级操纵员执照，139 人持有操纵员执照。

详细情况见表 30。

表 30　我国民用研究堆操纵人员执照统计

核设施营运单位	核设施名称	高级操纵员	操纵员	小计
中国原子能科学研究院	49-2 游泳池式反应堆	10	9	19
	DF-VI 快中子临界装置	0	0	0
	中试厂铀溶液临界装置	6	19	25
	原型微型中子源反应堆	3	4	7
	中国实验快堆	22	28	50
	中国先进研究堆	12	5	17
	微堆零功率装置	3	4	7
中国核动力研究设计院	高通量工程试验堆	23	26	49
	岷江试验堆	7	11	18
	中国脉冲堆	7	3	10
	高通量工程试验堆临界装置	5	3	8
	18-5 临界装置	7	3	10
清华大学 核能与新能源技术研究院	5 MW 低温核供热实验堆	14	11	25
	10 MW 高温气冷实验堆	23	7	30
	屏蔽试验反应堆	1	2	3
深圳大学	深圳微堆	0	3	3
北京凯佰特 科技股份有限公司	医院中子照射器	0	1	1
合计		143	139	282

第三节　民用核安全设备特种工艺人员

1. 民用核安全设备无损检验人员资质情况

2020 年，发布 2 批民用核安全设备无损检验人员考试计划，组织全国 5 家无损检验人员考核单位举行 19 场无损检验人员资格考试，颁发 3 批民用核安全设备无损检验人员资格证书，共批准 1 085 人、1 152 项。

截至 2020 年 12 月底，共计 7 308 人持有 14 726 张民用核安全设备无损检验资格证书，其中高级（Ⅲ级）证书 498 张，中级（Ⅱ级）证书 12 093 张，初级（Ⅰ级）证书 2 135 张。

历年数据见图 22，图 23，表 31。

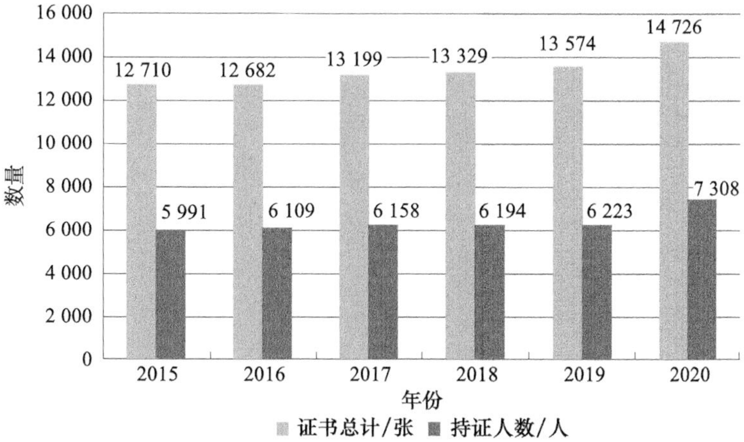

图 22　2015—2020 年无损检验人员持证人数及发证数量

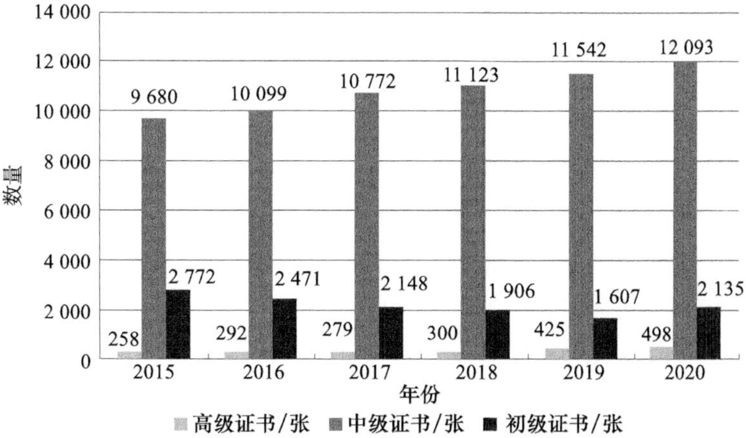

图 23　2015—2020 年无损检验人员证书类型

表 31　无损检验人员统计表

年度	高级证书/张	中级证书/张	初级证书/张	总计/张	持证人数/人
2020	498	12 093	2 135	14 726	7 308
2019	425	11 542	1 607	13 574	6 223
2018	300	11 123	1 906	13 329	6 194
2017	279	10 772	2 148	13 199	6 158
2016	292	10 099	2 471	12 862	6 109
2015	258	9 680	2 772	12 710	5 991

2. 焊接人员资质情况

2020 年，发布 2 批民用核安全设备焊接人员考试计划，组织全国 13 家民用核安全设备焊接人员考核单位举行 21 场焊接人员资格考试，全年颁发 1 批民用核安全设备焊工焊接操作工资格证书，共批准 1 088 人，2 180 项；颁发 2 批民用核安全设备焊接人员资格证书，共批准 420 人，530 项。

截至 2020 年 12 月，共计 10 846 人持有 23 869 张民用核安全设备焊工焊接操作工资格证书，420 人持有 530 张民用核安全设备焊接人员资格证书。共计 11 266 人持有 24 399 张资格证书。

历年数据见图 24，表 32。

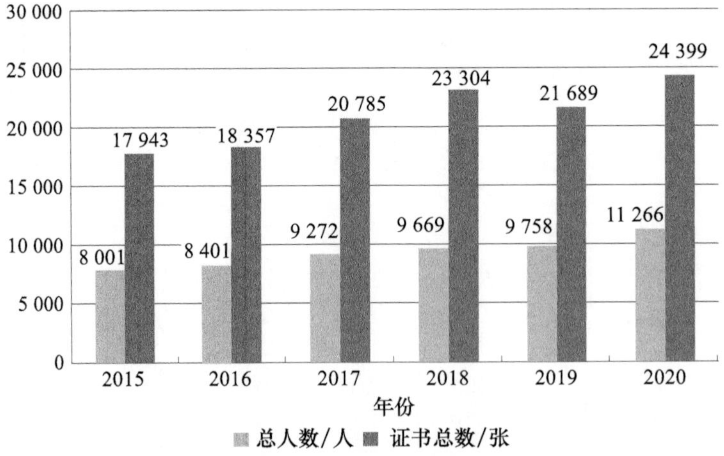

图 24　2015—2020 年焊工人员持证人数及累计发证数量

表 32　焊工人员统计表

年度	新颁发证书/人	新颁发证书/项	总人数	证书总数
2020	1 508	2 710	11 266	24 399
2019	3 182	6 062	9 758	21 689
2018	2 979	8 094	9 669	23 304
2017	2 424	5 429	9 272	20 785
2016	2 332	4 984	8 401	18 357
2015	3 739	6 252	8 001	17 943
2014	3 146	6 171	/	/

第四节　注册核安全工程师

2020 年，共有 893 人报名参加注册核安全工程师执业资格全国统一考试，678 人实际参考，170 人取得注册核安全工程师执业资格。全年共完成 4 批次注册核安全工程师注册登记，批准 567 人的注册申请，其中注册 276 人，延续注册 289 人，注册单位变更 2 人。

截至 2020 年 12 月底，全国共计 4 640 人获得注册核安全工程师执业资格证书，1 915 名注册核安全工程师在 232 家单位执业。

截至 2020 年，注册核安全工程师执业资格全国统一考试累计举行 17 次（2004—2020 年每年一次），累计报考 31 271 人次，实际参考 20 630 人次，累计取得注册核安全工程师执业资格证书 4 640 人，其中通过资格考试 4 414 人，考试实施前通过资格考核认定 226 人（见图 25、图 26）。

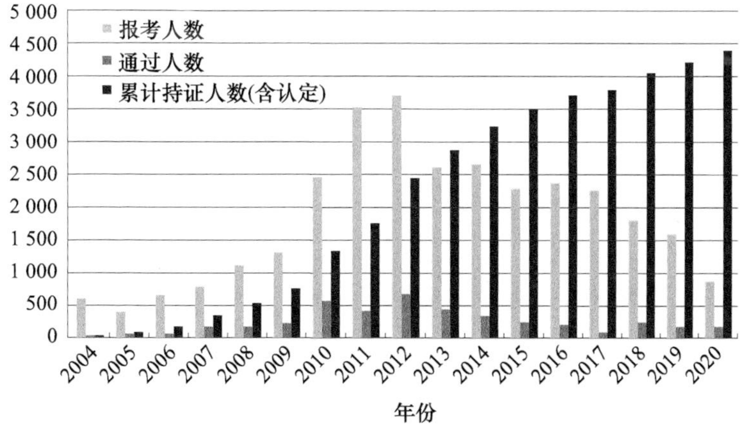

图 25　2004—2020 年注册核安全工程师资格考试及累计持证人员数量

截至 2020 年，自 2004 年首度开考以来，注册核安全工程师执业资格全国统一考试报考人员平均参考率为 65.49%，实际参考率保持相对稳定。

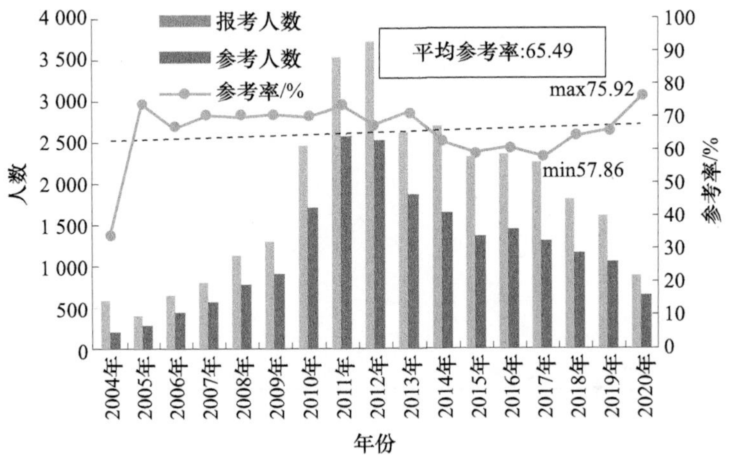

图 26　2004—2020 年注册核安全工程师资格考试报考人员参考率

注册核安全工程师执业资格全国统一考试成绩采用 2 年滚动管理周期，2004 年首次开考，2005 年首次达到一个滚动管理周期。在 2005—2020 年共计 16 个满 2 年的成绩滚动管理周期中。截至 2020 年，以报考人员为基数的报考人员通过率处于 4.02%～23.49%之间，平均值为 14.72%；以实际参考人员为基数的参考人员通过率处于 6.95%～33.27%之间，平均值为 21.56%（见图 27）。

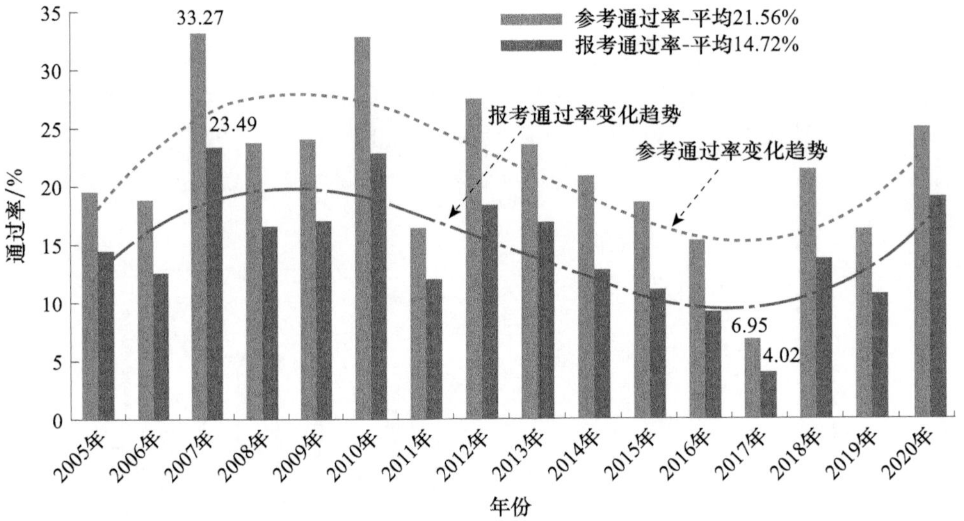

图 27　2005—2020 年注册核安全工程师执业资格考试参考及报考人员通过率

截至 2020 年底，在累计取得注册核安全工程师执业资格证书的 4 640 名人员中，持证人员中“60 后”“70 后”和“80”后占据绝对比例，分别占比 10.47%、28.86%和 54.14%，共计占总人数的 93.47%（见图 28）。

截至 2020 年底，在累计取得注册核安全工程师执业资格证书的 4 640 名人员中，本科以下学历人员占比 3.15%，本科学历人员占比 56.64%，本科以上学历人员占比 40.21%（见图 29）。

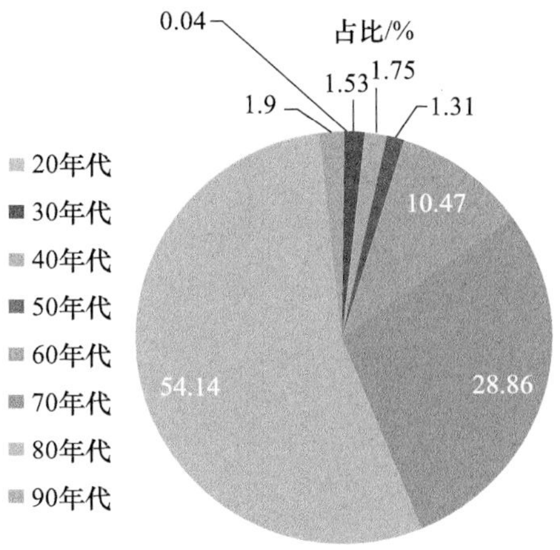

图 28　注册核安全工程师资格证书持有人员年龄分布统计图

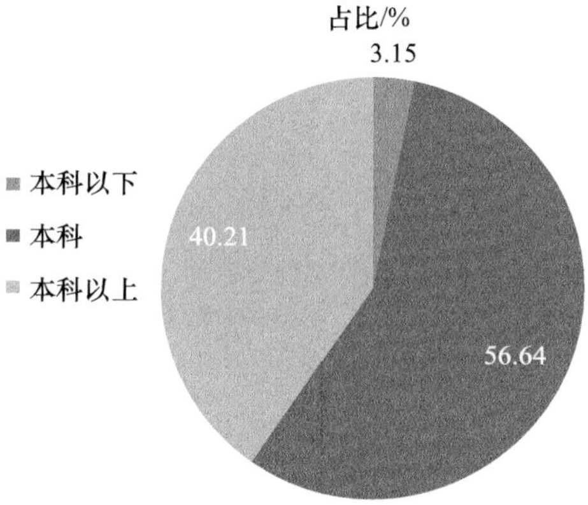

图 29　注册核安全工程师资格证书持有人员学历层次分布统计图

截至 2020 年底，有效注册人员 1 727 人，占资格证书累计持有人员数量的 37.22%（见图 30）。

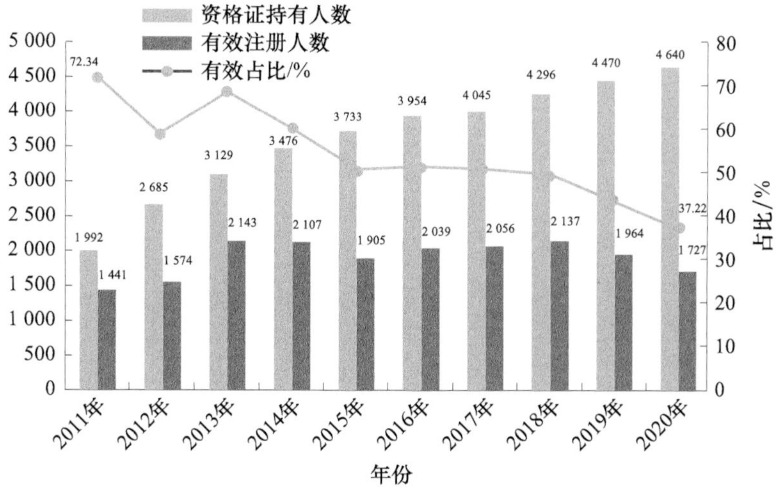

图 30　2011—2020 年注册核安全工程师资格证书持有人员中有效注册人员占比

第五章　法规标准

第一节　概况

为了保证核与辐射安全法规的高质量，国家核安全局对核与辐射安全法规采取两审制的原则，即法规送审稿和报批稿（初稿）相关文件需提交国家核安全专家委员会审议，国家核安全专家委员会的部分委员会议包括每季度定期组织召开的季度专题例会和不定期召开的临时专题会议。2020 年，全年召开季度专题例会 4 次以及临时专题会议若干，正式发布《核动力厂营运单位核安全报告规定》《核动力厂管理体系安全规定》《核动力厂反应堆安全壳及其有关系统的设计》等 37 项法规标准文件，其中部门规章 2 项、核安全导则 7 项、国家标准 2 项，环境标准 16 项，技术文件 10 项，详见表 33；国家核安全专家委员会审议法规标准项目 32 项、46 项次，详见表 34。

表 33　2020 年发布的法规标准清单

序号	名称	类别	编号	发布形式	发布时间
1	《核动力厂营运单位核安全报告规定》	规章	HAF001/02/01—2020	生态环境部令第 13 号	2020 年 11 月 16 日
2	《核动力厂管理体系安全规定》	规章		生态环境部令 第 18 号	2020 年 12 月 31 日
3	《放射性废物地质处置设施》	导则	HAD401/10—2020	国核安发〔2020〕26 号	2020 年 1 月 19 日
4	《核技术利用放射性废物最小化》	导则	HAD401/11—2020	国核安发〔2020〕51 号	2020 年 3 月 10 日
5	《核设施放射性废物处置前管理》	导则	HAD401/12—2020	国核安发〔2020〕105 号	2020 年 5 月 13 日
6	《核动力厂实物保护视频监控系统》	导则	HAD501/08—2020	国核安发〔2020〕154 号	2020 年 7 月 17 日
7	《核动力厂反应堆冷却剂系统及其有关系统的设计》	导则	HAD102/08—2020	国核安发〔2020〕310 号	2020 年 12 月 30 日
8	《核动力厂反应堆安全壳及其有关系统的设计》	导则	HAD102/06—2020	国核安发〔2020〕311 号	2020 年 12 月 30 日
9	《核动力厂反应堆堆芯设计》	导则	HAD102/07—2020	国核安发〔2020〕312 号	2020 年 12 月 30 日
10	《直流输电工程合成电场限值及其监测方法》	标准	GB 39220—2020	生态环境部公告 2020 年第 35 号	2020 年 7 月 17 日

续表

序号	名称	类别	编号	发布形式	发布时间
11	《铀矿冶辐射防护和辐射环境保护规定》	标准	GB 23727—2020	生态环境部公告2020年第35号	2020年7月17日
12	《环境影响评价技术导则 广播电视》	标准	HJ1112—2020	生态环境部公告2020年第13号	2020年2月27日
13	《输变电建设项目环境保护技术要求》	标准	HJ 1113—2020	生态环境部公告2020年第13号	2020年2月27日
14	《伴生放射性物料贮存及固体废物填埋辐射环境保护技术规范（试行）》	标准	HJ 1114—2020	生态环境部公告2020年第14号	2020年3月3日
15	《水中氚的分析方法》	标准	HJ 1126—2020	生态环境部公告2020年第25号	2020年4月9日
16	《应急监测中环境样品γ核素测量技术规范》	标准	HJ 1127—2020	生态环境部公告2020年第25号	2020年4月9日
17	《核动力厂核事故环境应急监测技术规范》	标准	HJ 1128—2020	生态环境部公告2020年第32号	2020年6月3日
18	《就地高纯锗谱仪测量土壤中γ核素技术规范》	标准	HJ 1129—2020	生态环境部公告2020年第32号	2020年6月3日
19	《环境影响评价技术导则 卫星地球上行站》	标准	HJ 1135—2020	生态环境部公告2020年第45号	2020年10月26日
20	《中波广播发射台电磁辐射环境监测方法》	标准	HJ 1136—2020	生态环境部公告2020年第45号	2020年10月26日
21	《伴生放射性矿开发利用项目竣工辐射环境保护验收监测报告的格式与内容》	标准	HJ 1148—2020	生态环境部公告2020年第59号	2020年12月3日
22	《环境空气 气溶胶中γ放射性核素的测定滤膜压片/γ能谱法》	标准	HJ 1149—2020	生态环境部公告2020年第62号	2020年12月9日
23	《5G移动通信基站电磁辐射环境监测方法（试行）》	标准	HJ 1151—2020	生态环境部公告2020年第64号	2020年12月14日
24	《建设项目竣工环境保护验收技术规范广播电视》	标准	HJ 1152—2020	生态环境部公告2020年第64号	2020年12月14日
25	《环境影响评价技术导则 输变电》	标准	HJ24—2020	生态环境部公告2020年第64号	2020年12月14日
26	《建设项目竣工环境保护验收技术规范 输变电》	标准	HJ 705—2020	生态环境部公告2020年第64号	2020年12月14日
27	《辐射事故应急监测技术规范》	标准	HJ 1155—2020	生态环境部公告2020年第76号	2020年12月30日
28	《核电厂流出物放射性监测技术规范（试行）》	技术文件		国核安发〔2020〕44号	2020年3月3日

续表

序号	名称	类别	编号	发布形式	发布时间
29	《放射性废物处置安全全过程系统分析》	技术文件		国核安发〔2020〕51 号	2020 年 3 月 10 日
30	《核电厂维修规则实施大纲编制指南》	技术文件		核电函〔2020〕12 号	2020 年 6 月 28 日
31	《核电厂维修大纲的格式和内容》	技术文件		核电函〔2020〕13 号	2020 年 6 月 28 日
32	《核动力厂营运单位核安全报告指南》	技术文件		生态环境部公告 2020 年第 58 号	2020 年 12 月 3 日
33	《核电厂事件原因分析指南（试行）》	技术文件		核电函〔2020〕29 号	2020 年 12 月 3 日
34	《国际核与辐射事件分级手册》	技术文件		核电函〔2020〕29 号	2020 年 12 月 3 日
35	《核电厂质量保证大纲的格式和内容（试行）》	技术文件		核电函〔2020〕31 号	2020 年 12 月 10 日
36	《核动力厂在役检查大纲的格式和内容》	技术文件		核电函〔2020〕32 号	2020 年 12 月 14 日
37	《核动力厂役前检查结果报告的格式和内容》	技术文件		核电函〔2020〕33 号	2020 年 12 月 14 日

表 34　2020 年核与辐射安全法规标准列专家委员会审议清单

序号	名称	制修订	项目进展	列会情况
部门规章				
1	《核动力厂管理体系安全规定》	制定	送审稿、报批稿初稿	第二、三季度
2	《辐射环境监测管理办法》	制定	送审稿	第四季度
3	《核动力厂调试和运行安全规定》	修订	送审稿	第四季度
核安全导则				
1	《核动力厂反应堆安全壳及其有关系统的设计》	修订	送审稿、报批稿初稿	第二、三季度
2	《核动力厂反应堆堆芯设计》	修订	送审稿、报批稿初稿	第二、三季度
3	《核动力厂反应堆冷却剂系统及其有关系统的设计》	修订	送审稿、报批稿初稿	第二、三季度
4	《核动力厂一级概率安全分析》	制定	送审稿、报批稿初稿	第三、四季度

续表

序号	名称	制修订	项目进展	列会情况
5	《核动力厂确定论安全分析》	修订	送审稿、报批稿初稿	第三、四季度
6	《低水平放射性固体废物贮存设施安全要求》	制定	报批稿初稿	第三季度
7	《核技术利用设施退役》	制定	报批稿初稿	第三季度
8	《乏燃料后处理设施安全》	制定	送审稿、报批稿初稿	第三、四季度
9	《铀转化和铀浓缩设施的安全》	制定	送审稿、报批稿初稿	第三、四季度
10	《核动力厂电源系统设计》	制定	送审稿	第四季度
11	《核动力厂仪表和控制系统的设计》	修订	送审稿	第四季度
12	《核燃料循环前端设施安全分析报告的标准格式与内容》	修订	送审稿	第四季度
标准				
1	《伴生放射性矿开发利用环境辐射限值》	制定	报批稿初稿	第一季度
2	《伴生放射性矿开发利用项目竣工辐射环境保护验收监测报告的格式与内容》	制定	报批稿初稿	第一季度
3	《中波发射台电磁辐射环境监测方法》	制定	报批稿初稿	第一季度
4	《建设项目竣工环境保护验收技术规范 广播电视》	制定	报批稿初稿	第一季度
5	《建设项目竣工环境保护验收技术规范 输变电》	修订	报批稿初稿	第一季度
6	《环境影响评价技术导则 卫星地球上行站》	制定	报批稿初稿	第一季度
7	《辐射环境监测技术规范》	修订	送审稿、报批稿初稿	第一、二季度
8	《环境空气气溶胶中 γ 放射性核素的测定 压缩/γ 能谱法》	制定	送审稿、报批稿初稿	第一、二季度
9	《环境 γ 辐射剂量率测量技术规范》	修订	送审稿、报批稿初稿	第二、三季度
10	《5G 通信基站电磁辐射环境监测方法》	制定	送审稿	第二季度
11	《环境空气中氡的标准测量方法》	修订	送审稿	第三季度
12	《放射性固体废物近地表处置场辐射环境监测要求》	修订	送审稿、报批稿初稿	第三、四季度
13	《乏燃料运输容器结构分析的载荷组合和设计准则》	制定	送审稿、报批稿初稿	第三、四季度

续表

序号	名称	制修订	项目进展	列会情况
14	《放射性物品安全运输 货包的泄漏检验》	修订	送审稿、报批稿初稿	第三、四季度
15	《放射性测井辐射安全与防护技术规范》	制定	送审稿	第三季度
16	《放射治疗辐射安全与防护要求》	制定	送审稿	第三季度
17	《放射性物品运输核与辐射安全分析报告书格式和内容》	修订	送审稿	第四季度

第二节　核与辐射安全法规体系

截至 2021 年 1 月底，我国现行的核与辐射安全法规共 135 项，其中法律 2 项，行政法规 7 项，部门规章 29 项，导则 97 项。自 2016 年以来，共制定或修订核与辐射安全法规 52 项，其中条例 2 项（根据（国务院第 709 号令《国务院关于修改部分行政法规的决定》）修改)，部门规章 13 项，导则 19 项，规范性文件 13 项，技术文件 6 项。

1. 法律

法律是由全国人民代表大会或全国人民代表大会常务委员会制定并发布，具有高于行政法规和部门规章的效力。我国核与辐射安全领域现行有效的法律 2 项，见表 35。

表 35　法律

序号	名称	公布，施行时间
1	中华人民共和国放射性污染防治法	2003 年 6 月 28 日公布，2003 年 10 月 1 日施行
2	中华人民共和国核安全法	2017 年 9 月 1 日公布，2018 年 1 月 1 日施行

2. 条例

行政法规是由国务院根据宪法和法律制定并发布，具有强制力。我国核与辐射安全领域现行有效的行政法规 7 项，具体情况见表 36。

表 36 行政法规

序号	名称	发布，施行时间	备注
1	中华人民共和国民用核设施安全监督管理条例	1986 年 10 月 29 日发布施行	
2	核电厂核事故应急管理条例	1993 年 8 月 4 日发布施行	
3	中华人民共和国核材料管制条例	1987 年 6 月 15 日发布施行	
4	民用核安全设备监督管理条例	2007 年 7 月 11 日发布，2008 年 1 月 1 日施行	2019 年 3 月 2 日修改（国务院第 709 号令《国务院关于修改部分行政法规的决定》）
5	放射性物品运输安全管理条例	2009 年 9 月 14 日发布，2010 年 1 月 1 日施行	
6	放射性同位素与射线装置安全和防护条例	2005 年 9 月 14 日发布，2005 年 12 月 1 日施行	2019 年 3 月 2 日修改（国务院第 709 号令《国务院关于修改部分行政法规的决定》）
7	放射性废物安全管理条例	2011 年 12 月 20 日发布，2012 年 3 月 1 日施行	

3. 部门规章与核安全导则

部门规章是由国务院有关部门根据法律和国务院行政法规在本部门权力范围内制定并发布，具有法律约束力。我国核与辐射安全领域部门规章按照不同领域进行分类管理，分为 10 个系列，包括通用系列、核动力厂系列、研究堆系列、非堆核燃料循环设施系列、放射性废物管理系列、核材料管制系列、民用核安全设备监督管理系列、放射性物品运输管理系列、放射性同位素和射线装置监督管理系列以及辐射环境系列。

核安全导则是由国家核安全局制定并发布，是对相应系列部门规章的细化和补充，因此核安全导则与部门规章相对应，也分为 10 个系列。

（1）通用系列。

目前，通用系列部门规章有 11 项，该系列部门规章是对所有系列的通用安全要求，包括许可、质量保证、应急等。核安全导则有 17 项，主要是对质量保证、应急准备和响应的补充和说明。如表 37 所示。

表 37 通用系列部门规章及导则列表

序号	编号	名称	发布、施行时间
部门规章			
1	HAF001/01—2019	核动力厂、研究堆、核燃料循环设施安全许可程序规定	2019 年 8 月 26 日发布，2019 年 10 月 1 日施行
2	HAF001/01/01—1993	民用核设施安全监督管理条例实施细则之一附件一——核电厂操纵人员执照颁发和管理程序	1993 年 12 月 31 日发布

续表

序号	编号	名称	发布、施行时间
3	HAF001/02—1995	民用核设施安全监督管理条例实施细则之二——核设施的安全监督	1995 年 6 月 14 日发布，1995 年 10 月 1 日施行
4		核动力厂营运单位核安全报告规定	2020 年 11 月 16 日发布，2021 年 1 月 1 日施行
5	HAF001/02/02—1995	民用核设施安全监督管理条例实施细则之二 附件二——研究堆营运单位报告制度	1995 年 6 月 14 日发布
6	HAF001/02/03—1995	民用核设施安全监督管理条例实施细则之二 附件三——核燃料循环设施的报告制度	1995 年 6 月 14 日发布
7	HAF002/01—1998	核电厂核事故应急管理条例实施细则之一——核电厂营运单位的应急准备和应急响应	1998 年 5 月 12 日发布施行
8	HAF003—1991	核电厂质量保证安全规定	1991 年 7 月 27 日发布施行
9	HAF004—2013	核与辐射安全监督检查人员证件管理办法	2013 年 12 月 30 日发布
10		核动力厂管理体系安全规定	2020 年 12 月 31 日发布，2021 年 3 月 1 日施行
11		民用核设施操纵人员资格管理规定	2021 年 1 月 29 日发布，2021 年 7 月 1 日施行
		导则	
1	HAD002/01—2019	核动力厂营运单位的应急准备和应急响应	
2	HAD002/02—1990	地方政府对核动力厂的应急准备	
3	HAD002/03—1991	核事故辐射应急时对公众防护的干预原则和水平	
4	HAD002/04—1991	核事故辐射应急时对公众防护的导出干预水平	
5	HAD002/05—1992	核事故医学应急准备和响应	
6	HAD002/06—2019	研究堆营运单位的应急准备和应急响应	
7	HAD002/07—2019	核燃料循环设施营运单位的应急准备和应急响应	
8	HAD003/01—1988	核电厂质量保证大纲的制定	
9	HAD003/02—1989	核电厂质量保证组织	
10	HAD003/03—1986	核电厂物项和服务采购中的质量保证	
11	HAD003/04—1986	核电厂质量保证记录制度	
12	HAD003/05—1988	核电厂质量保证监查	
13	HAD003/06—1986	核电厂设计中的质量保证	
14	HAD003/07—1987	核电厂建造期间的质量保证	
15	HAD003/08—1986	核电厂物项制造中的质量保证	
16	HAD003/09—1988	核电厂调试和运行期间的质量保证	
17	HAD003/10—1989	核燃料组件采购、设计和制造中的质量保证	

（2）核动力厂系列。

目前，核动力厂系列部门规章有 4 项，对核动力厂选址安全、设计安全以及运行安全提出了明确要求。导则有 41 项，其中 12 项是对选址安全的细化和补充，17 项是对设计安全的细化和补充，12 项是对运行安全的细化和补充，如表 38 所示。

表 38 核动力厂系列部门规章及导则列表

序号	编号	名称	发布施行时间
部门规章			
1	HAF101—1991	核电厂厂址选择安全规定	1991 年 7 月 27 日发布施行
2	HAF102—2016	核动力厂设计安全规定	2016 年 10 月 26 日发布施行
3	HAF103—2004	核动力厂运行安全规定	2004 年 4 月 18 日发布施行
4	HAF103/01—1994	核电厂运行安全规定附件一——核电厂换料、修改和事故停堆管理	1994 年 3 月 2 日发布
导则			
1	HAD101/01—1994	核电厂厂址选择中的地震问题	
2	HAD101/02—1987	核电厂厂址选择的大气弥散问题	
3	HAD101/03—1987	核电厂厂址选择及评价的人口分布问题	
4	HAD101/04—1989	核电厂厂址选择的外部人为事件	
5	HAD101/05—1991	核电厂厂址选择的放射性物质水力弥散问题	
6	HAD101/06—1991	核电厂厂址选择与水文地质的关系	
7	HAD101/07—1989	核电厂厂址查勘	
8	HAD101/08—1989	滨河核电厂厂址设计基准洪水的确定	
9	HAD101/09—1990	滨海核电厂厂址设计基准洪水的确定	
10	HAD101/10—1991	核电厂厂址选择的极端气象事件（不包括热带气旋）	
11	HAD101/11—1991	核电厂设计基准热带气旋	
12	HAD101/12—1990	核电厂的地基安全问题	
13	HAD102/01—1989	核电厂设计中总的安全原则	
14	HAD102/02—2019	核动力厂抗震设计与鉴定	
15	HAD102/03—1986	用于沸水堆、压水堆和压力管式反应堆的安全功能和部件分级	
16	HAD102/04—2019	核动力厂内部危险（火灾和爆炸除外）的防护设计	
17	HAD102/05—1989	与核电厂设计有关的外部人为事件	
18	HAD102/06—2020	核动力厂反应堆安全壳及其有关系统的设计	
19	HAD102/07—2020	核动力厂反应堆堆芯设计	
20	HAD102/08—2020	核动力厂反应堆冷却剂系统及其有关系统的设计	
21	HAD102/10—1988	核电厂保护系统及有关设施	
22	HAD102/11—2019	核动力厂防火与防爆设计	
23	HAD102/12—2019	核动力厂辐射防护设计	
24	HAD102/13—1996	核电厂应急动力系统	
25	HAD102/14—1988	核电厂安全有关仪表和控制系统	
26	HAD102/15—2007	核动力厂燃料装卸和贮存系统设计	
27	HAD102/16—2004	核动力厂基于计算机的安全重要系统软件	
28	HAD102/17—2006	核动力厂安全评价与验证	
29	HAD102/18—2017	核动力厂安全分析用计算机软件开发与应用（试行）	

续表

序号	编号	名称	发布施行时间
30	HAD103/01—2004	核动力厂运行限值和条件及运行规程	
31	HAD103/02—1987	核电厂调试程序	
32	HAD103/03—1989	核电厂堆芯和燃料管理	
33	HAD103/04—1990	核电厂运行期间的辐射防护	
34	HAD103/05—2013	核动力厂人员的招聘、培训和授权	
35	HAD103/06—2006	核动力厂营运单位的组织和安全运行管理	
36	HAD103/07—1988	核电厂在役检查	
37	HAD103/08—1993	核电厂维修	
38	HAD103/09—1993	核电厂安全重要物项的监督	
39	HAD103/10—2004	核动力厂运行防火安全	
40	HAD103/11—2006	核动力厂定期安全审查	
41	HAD103/12—2012	核动力厂老化管理	

（3）研究堆系列。

目前，研究堆系列部门规章 2 项，分别对研究堆的设计和运行安全进行了明确规定。导则 10 项，其中 1 项是对设计安全的细化和补充，另外 9 项是对运行安全的细化和补充，如表 39 所示。

表 39　研究堆系列部门规章及导则列表

序号	编号	名称	发布、施行时间
部门规章			
1	HAF201—1995	研究堆设计安全规定	1995 年 6 月 6 日发布，1995 年 10 月 1 日施行
2	HAF202—1995	研究堆运行安全规定	1995 年 6 月 6 日发布，1995 年 10 月 1 日施行
导则			
1	HAD201/01—1996	研究堆安全分析报告的格式和内容	
2	HAD202/01—1989	研究堆运行管理	
3	HAD202/02—1989	临界装置运行及实验管理	
4	HAD202/03—1996	研究堆的应用和修改	
5	HAD202/04—1992	研究堆和临界装置退役	
6	HAD202/05—2010	研究堆调试	
7	HAD202/06—2010	研究堆维修、定期试验和检查	
8	HAD202/07—2012	研究堆堆芯管理和燃料装卸	
9	HAD202/08—2017	研究堆定期安全审查	
10	HAD202/09—2017	研究堆长期停堆安全管理	

（4）非堆核燃料循环设施系列。

目前，非堆核燃料循环设施系列部门规章 1 项，对核燃料循环设施安全提出了明确要求，4 项导则是对部门规章的细化和补充，如表 40 所示。

表 40 非堆核燃料循环设施系列部门规章及导则列表

序号	编号	名称	发布、施行时间
部门规章			
1	HAF301—1993	民用核燃料循环设施安全规定	1993 年 6 月 17 日发布
导则			
1	HAD301/01—1991	铀燃料加工设施安全分析报告的标准格式与内容	
2	HAD301/02—1989	乏燃料贮存设施的设计	
3	HAD301/03—1989	乏燃料贮存设施的运行	
4	HAD301/04—1989	乏燃料贮存设施的安全评价	

（5）放射性废物管理系列。

目前，放射性废物管理系列部门规章 2 项，分别对废物安全监督管理、固体废物贮存和处置许可管理进行了明确规定。导则 12 项，均是对废物安全监督管理规定的细化和补充。如表 41 所示。

表 41 放射性废物管理系列部门规章及导则列表

序号	编号	名称	发布、施行时间
部门规章			
1	HAF401—1997	放射性废物安全监督管理规定	1997 年 11 月 5 日发布
2	HAF402—2013	放射性固体废物贮存和处置许可管理办法	2013 年 12 月 30 日公布，2014 年 3 月 1 日施行
导则			
1	HAD401/01—1990	核电厂放射性排出流和废物管理	
2	HAD401/02—1997	核电厂放射性废物管理系统的设计	
3	HAD401/03—1997	放射性废物焚烧设施的设计与运行	
4	HAD401/05—1998	放射性废物近地表处置场选址	
5	HAD401/06—2013	高水平放射性废物地质处置设施选址	
6	HAD401/07—2013	γ 辐照装置退役	
7	HAD401/08—2016	核设施放射性废物最小化	
8	HAD401/09—2019	放射性废物处置设施的监测和检查	
9	HAD401/10—2020	放射性废物地质处置设施	
10	HAD401/11—2020	核技术利用放射性废物最小化	
11	HAD401/12—2020	核设施放射性废物处置前管理	
12	HAD4××—2004	核技术利用放射性废物库选址、设计与建造技术要求（试行）	

（6）核材料管制系列。

目前，核材料管制系列部门规章 1 项，对于核材料管制提出了明确的要求，8 项导则是对要求的细化和补充，如表 42 所示。

表 42　核材料管制系列部门规章及导则列表

序号	编号	名称	发布、施行时间
部门规章			
1	HAF501—1990	中华人民共和国核材料管制条例实施细则	1990 年 9 月 25 日发布
导则			
1	HAD501/01—2008	低浓铀转换及元件制造厂核材料衡算	
2	HAD501/02—2018	核设施实物保护	
3	HAD501/03—2005	核设施周界入侵报警系统	
4	HAD501/04—2008	核设施出入口控制	
5	HAD501/05—2008	核材料运输实物保护	
6	HAD501/06—2008	核设施实物保护和核材料衡算与控制安全分析报告格式和内容	
7	HAD501/07—2008	核动力厂核材料衡算	
8	HAD501/08—2020	核动力厂实物保护视频监控系统	

（7）民用核安全设备监督管理系列。

目前，民用核安全设备监督管理系列部门规章 4 项，涉及民用核安全设备设计制造安装和无损检验监督管理、无损检验人员资格管理、焊接人员资格管理以及进口民用核安全设备的监督管理。2 项导则均是对民用核安全设备设计制造安装和无损检验监督管理规定的细化和补充，如表 43 所示。

表 43　民用核安全设备监督管理系列部门规章及导则列表

序号	编号	名称	发布、施行时间
部门规章			
1	HAF601—2019	民用核安全设备设计制造安装和无损检验监督管理规定	2007 年 12 月 28 日发布，2008 年 1 月 1 日施行；2019 年 8 月 22 日经生态环境部令第 7 号修改
2	HAF602—2019	民用核安全设备无损检验人员资格管理规定	2007 年 12 月 28 日发布，2008 年 1 月 1 日施行。2019 年 6 月 13 日修订版发布，部令第 6 号，2020 年 1 月 1 日起施行
3	HAF603—2019	民用核安全设备焊接人员资格管理规定	2007 年 12 月 28 日发布，2008 年 1 月 1 日施行。2019 年 6 月 12 日修订版发布，部令第 5 号，2020 年 1 月 1 日起施行
4	HAF604—2019	进口民用核安全设备监督管理规定	2007 年 12 月 28 日发布，2008 年 1 月 1 日施行；2019 年 8 月 22 日经生态环境部令第 7 号修改
导则			
1	HAD601/01—2013	民用核安全机械设备模拟件制作（试行）	
2	HAD601/02—2013	民用核安全设备安装许可证申请单位技术条件（试行）	

（8）放射性物品运输管理系列。

目前，放射性物品运输管理系列部门规章 2 项，分别对许可和监督提出了安全要求，导则 2 项是对许可安全的细化和补充，如表 44 所示。

表 44 放射性物品运输管理系列部门规章及导则列表

序号	编号	名称	发布、施行时间
部门规章			
1	HAF701—2021	放射性物品运输安全许可管理办法	2010 年 9 月 25 日发布，2010 年 11 月 1 日施行；2019 年 8 月 22 日经生态环境部令第 7 号修改；根据部令第 20 号《关于废止、修改部分生态环境规章和规范性文件的决定》修改。
2	HAF702—2016	放射性物品运输安全监督管理办法	2016 年 3 月 14 日发布，2016 年 5 月 1 日施行
导则			
1	HAD701/01—2010	放射性物品运输容器设计安全评价（分析）报告的标准格式和内容	
2	HAD701/02—2014	放射性物品运输核与辐射安全分析报告书标准格式和内容	

（9）放射性同位素和射线装置监督管理系列。

目前，放射性同位素和射线装置监督管理系列部门规章 2 项，主要是对放射性同位素与射线装置安全许可以及安全和防护方面提出安全要求，导则 1 项，如表 45 所示。

表 45 放射性同位素和射线装置监督管理系列部门规章及导则列表

序号	编号	名称	发布、施行时间
部门规章			
1	HAF801—2021	放射性同位素与射线装置安全许可管理办法	2006 年 1 月 18 日发布，2008 年 12 月 6 日修正，2017 年 12 月 12 日第二次修正；2019 年 8 月 22 日经生态环境部令第 7 号修改；根据部令第 20 号《关于废止、修改部分生态环境规章和规范性文件的决定》修改。
2	HAF802—2011	放射性同位素与射线装置安全和防护管理办法	2011 年 4 月 18 日发布，2011 年 5 月 1 日施行
导则			
1	HAD801/01—2017	城市放射性废物库安全防范系统要求	

4. 规范性文件

行政规范性文件是除国务院的行政法规、决定、命令以及部门规章和地方政府规章外，由行政机关或者经法律、法规授权的具有管理公共事务职能的组织（以下统称行政机关）依照法定权限、程序制定并公开发布，涉及公民、法人和其他组织权利义务，具有普遍约束力，在一定期限内反复适用的公文。制发行政规范性文件是行政机关依法履行职能的重要方式，直接关系群众切身利益，事关政府形象。同样，国家核安全局在履行核安全监管职责过程中，根据实际工作需要也发布了大量的规范性文件。按照《生态环境部行政规范性文件制定和管理办法》中的限定，对具体事项的通报、通知、批复以及行政处理决定等文件，不属于部规范性文件。据此，本报告梳理了核与辐射安全领域现行的规范性文件 31 项，如表 46 所示。

表 46　核与辐射安全领域现行的规范性文件列表

序号	名称	发文号
1	核安全文化政策声明	国核安发〔2014〕286 号
2	核安全信息公开办法	国环规核设〔2020〕1 号
3	核动力厂营运单位核安全报告指南	公告 2020 年第 58 号
4	核电厂网络安全技术政策	国核安发〔2020〕298 号
5	核电厂配置风险管理的技术政策（试行）	国核安发〔2019〕262 号
6	小型压水堆核动力厂安全审评原则（试行）	国核安发〔2016〕1 号
7	<核电厂运行许可证>有效期限延续的技术政策（试行）	国核安发〔2015〕280 号
8	重水核电厂运行事件判定准则	国核安发〔2012〕249 号
9	福岛核事故后核电厂改进行动通用技术要求（试行）	国核安发〔2012〕98 号
10	运行核电厂经验反馈管理办法（试行）	国核安发〔2012〕65 号
11	乏燃料后处理设施安全要求（试行）	国环规辐射〔2018〕2 号
12	民用核燃料循环设施分类原则与基本安全要求（试行）	国环规辐射〔2016〕1 号
13	核电厂内乏燃料干法贮存系统核安全监管要求（试行）	国核安发〔2015〕281 号
14	放射性废物分类	公告 2017 年第 65 号
15	放射性物品分类和名录（试行）	环境保护部公告 2010 年第 31 号
16	民用核安全设备核安全 2、3 级泵设计和制造单位资格条件（试行）	国核安发〔2018〕162 号
17	民用核安全设备核安全 1 级铸锻件制造单位资格条件（试行）	国核安发〔2018〕162 号
18	民用核安全设备核安全 1、2、3 级阀门设计和制造单位资格条件	国核安发〔2017〕295 号
19	民用核安全设备核安全 1、2、3 级管道制造单位资格条件	国核安发〔2017〕295 号
20	民用核安全设备核安全级成套开关设备和控制设备设计和制造单位资格条件	国核安发〔2017〕295 号
21	民用核安全机械设备设计和制造活动不能分包的关键工艺和技术（2016 年修订）	国核安发〔2016〕211 号
22	民用核安全设备制造阶段不符合项监督管理要求（试行）	国核安发〔2016〕84 号

续表

序号	名称	发文号
23	核电厂在役检查无损检验技术能力验证实施办法（试行）	国核安发〔2015〕193号
24	民用核安全设备调配管理要求（试行）	国核安函〔2014〕94号
25	射线装置分类	公告2017年第66号
26	核技术利用项目公众沟通工作指南（试行）	环办函〔2015〕1748号
27	关于γ射线探伤装置的辐射安全要求	环发〔2007〕8号
28	放射源分类办法	原国家环境保护总局公告2005年第62号
29	射线装置分类办法	原国家环境保护总局公告2006年第26号
30	伴生放射性矿开发利用企业环境辐射监测及信息公开办法（试行）	国环规辐射〔2018〕1号
31	核与辐射建设项目环境影响评价机构监督检查实施办法	环办辐射函〔2016〕469号

第三节　核与辐射安全标准

截至2020年12月31日，生态环境部（国家核安全局）制定或管理的现行有效核与辐射安全标准共110项。

2020年生态环境部批准发布标准18项，其中国家标准（GB）2项、行业标准（HJ）16项。

详细信息见表47、表48。

表47　现行有效核与辐射安全标准数量统计（含认可标准）

序号	标准类别	数量
1	通用	6
2	核动力厂	23
3	研究堆	1
4	非堆核燃料循环设施	3
5	放射性废物管理	15
6	核燃料管制	0
7	民用核安全设备监督管理	0

续表

序号	标准类别	数量
8	放射性物品运输管理	1
9	放射性同位素和射线装置	9
10	辐射环境	52
11	总计	110

表 48　现行有效核与辐射安全标准（含认可标准）

序号	标准号	标准名称
第 0 部分：通用系列		
1	GB/T 19597—2004	核设施退役安全要求
2	HJ 842—2017	压水堆核电厂应急相关参数
3	HJ 843—2017	研究堆应急相关参数
4	HJ 844—2017	核燃料循环设施应急相关参数
5	HJ 1127—2020	应急监测中环境样品 γ 核素测量技术规范
6	HJ 1128—2020	核动力厂核事故环境应急监测技术规范
第 1 部分：核动力厂系列		
7	GB 6249—2011	核动力厂环境辐射防护规定
8	HJ 808—2016	环境影响评价技术导则核电厂环境影响报告书的格式和内容
9	NB/T20035—2011（2014RK）	压水堆核电厂工况分类
10	NB/T 20037. 1—2017RK	应用于核电厂的一级概率安全评价第 1 部分：总体要求
11	NB/T 20037. 6—2017RK	应用于核电厂的一级概率安全评价第 6 部分：功率运行其他外部事件筛选和保守分析
12	NB/T 20037. 7—2017RK	应用于核电厂的一级概率安全评价第 7 部分：功率运行强风
13	NB/T20037. 10—2017RK	应用于核电厂的一级概率安全评价第 10 部分：功率运行抗震裕度评价
14	NB/T 20100—2016RK	压水堆核电厂反应堆冷却剂系统和主蒸汽系统超压分析要求
15	NB/T 20402—2017RK	压水堆安全重要流体系统单一故障准则
16	NB/T 20403—2017RK	压水堆核电厂隔间压力与温度瞬态分析
17	NB/T 20404—2017RK	压水堆核电厂安全壳压力和温度瞬态分析
18	NB/T 20406—2017RK	压水堆核电厂流体系统的安全壳隔离装置
19	NB/T 20434—2017RK	压水堆核电厂反应堆首次装料试验
20	NB/T 20435—2017RK	压水堆核电厂反应堆调试启动堆芯物理试验
21	NB/T 20443—2017RK	核电厂运行辐射防护规定

续表

序号	标准号	标准名称
22	NB/T 20444—2017RK	压水堆核电厂设计基准事故源项分析准则
23	NB/T 20446—2017RK	压水堆核电厂主蒸汽系统设计要求
24	NB/T 20447—2017RK	与反应堆冷却剂压力边界相连的低压系统的超压保护
25	NB/T 20449—2017RK	核电厂应急柴油发电机组燃油系统设计准则
26	NB/T 20470—2017RK	核电厂选址假想事故源项分析准则
27	NB/T 20472—2017RK	压水堆核电厂核岛工艺系统管道布置设计准则
28	NB/T 20473—2017RK	核电厂应急柴油发电机压缩空气启动系统设计准则
29	NB/T 20485—2018RK	核电厂应急柴油发电机组设计和试验要求
第 2 部分：研究堆系列		
30	HJ/T 5. 1—1993	核设施环境保护管理导则研究堆环境影响报告书格式与内容
第 3 部分：非堆核燃料循环设施系列		
31	GB 14586—1993	铀矿冶设施退役环境管理技术规定
32	HJ 1015. 1—2019	环境影响评价技术导则 铀矿冶
33	HJ 1015. 2—2019	环境影响评价技术导则 铀矿冶退役
第 4 部分：放射性废物系列		
34	GB 9132—2018	低、中水平放射性固体废物近地表处置安全规定
35	GB 11928—1989	低、中水平放射性固体废物暂时贮存规定
36	GB 11929—2011	高水平放射性废液贮存厂房设计规定
37	GB 12711—2018	低、中水平放射性固体废物包装安全标准
38	GB 13600—1992	低中水平放射性固体废物的岩洞处置规定
39	GB 14500—2002	放射性废物管理规定
40	GB 14569. 1—2011	低、中水平放射性废物固化体性能要求-水泥固化体
41	GB 14569. 3—1995	低、中水平放射性废物固化体性能要求-沥青固化体
42	GB 14585—1993	铀、钍矿冶放射性废物安全管理技术规定
43	GB/T 15950—1995	低、中水平放射性废物近地表处置场环境辐射监测的一般要求
44	GB 36900. 1—2018	低、中水平放射性废物高整体容器-球墨铸铁容器
45	GB 36900. 2—2018	低、中水平放射性废物高整体容器-混凝土容器标准
46	GB 36900. 3—2018	低、中水平放射性废物高整体容器-交联高密度聚乙烯容器
47	HJ/T 5. 2—1993	核设施环境保护管理导则放射性固体废物浅地层处置环境影响报告书格式与内容
48	HJ/T 23—1998	低、中水平放射性废物近地表处置设施的选址

续表

序号	标准号	标准名称
第 7 部分：放射性物品运输系列		
49	GB 11806—2019	放射性物品安全运输规程
第 8 部分：放射性同位素和射线装置系列		
50	GB 4075—2009	密封放射源一般要求和分级
51	GB 5172—1985	粒子加速器辐射防护规定
52	GB 10252—2009	γ 辐照装置的辐射防护与安全规范
53	GB 11930—2010	操作非密封源的辐射防护规定
54	GB 14052—1993	安装在设备上的同位素仪表的辐射安全性能要求
55	GB/T 15849—1995	密封放射源的泄漏检验方法
56	HJ 10. 1—2016	辐射环境保护管理导则　核技术利用建设项目环境影响评价文件的内容和格式
57	HJ 785—2016	电子直线加速器工业 CT 辐射安全技术规范
58	HJ 979—2018	电子加速器辐照装置辐射安全和防护
第 9 部分：辐射环境系列		
59	GB 8702—2014	电磁环境控制限值
60	GB 8999—2021	电离辐射监测质量保证通用要求
61	GB 11214—1989	水中镭-226 的分析测定
62	GB 11215—1989	核辐射环境质量评价一般规定
63	GB 11217—1989	核设施流出物监测的一般规定
64	GB 11218—1989	水中镭的 α 放射性核素的测定
65	GB 11224—1989	水中钍的分析方法
66	GB 11338—1989	水中钾-40 的分析方法
67	GB 12379—1990	环境核辐射监测规定
68	GB/T 14582—1993	环境空气中氡的标准测量方法
69	GB/T 14583—1993	环境地表 γ 辐射剂量率测定规范
70	GB/T 14584—1993	空气中碘-131 的取样与测定
71	GB/T 15847—1995	核临界事故剂量测定
72	GB 15848—2009	铀矿地质勘查辐射防护和环境保护规定
73	GB 18871—2002	电离辐射防护与辐射源安全基本标准
74	GB 20664—2006	有色金属矿产品的天然放射性限值
75	GB 23726—2009	铀矿冶辐射环境监测规定
76	GB 23727—2020	铀矿冶辐射防护和辐射环境保护规定

续表

序号	标准号	标准名称
77	GB/T 23728—2009	铀矿冶辐射环境影响评价规定
78	GB 27742—2011	可免于辐射防护监管的物料中放射性核素活度浓度
79	GB 39220—2020	直流输电工程合成电场限值及其监测方法
80	HJ/T 10.2—1996	辐射环境保护管理导则电磁辐射监测仪器和方法
81	HJ/T 10.3—1996	辐射环境保护管理导则电磁辐射环境影响评价方法与标准
82	HJ/T 21—1998	核设施水质监测采样规定
83	HJ/T 22—1998	气载放射性物质取样一般规定
84	HJ 24—2020	环境影响评价技术导则 输变电
85	HJ 53—2000	拟开放场址土壤中剩余放射性可接受水平规定
86	HJ/T 61—2001	辐射环境监测技术规范
87	HJ 681—2013	交流输变电工程电磁环境监测方法（试行）
88	HJ 705—2020	建设项目竣工环境保护验收技术规范 输变电
89	HJ 813—2016	水中^{210}钋的分析方法
90	HJ 814—2016	水和土壤样品中钚的放射化学分析方法
91	HJ 815—2016	水和生物样品灰中^{90}锶的放射化学分析方法
92	HJ 816—2016	水和生物样品灰中^{137}铯的放射化学分析方法
93	HJ 840—2017	环境样品中微量铀的分析方法
94	HJ 841—2017	水、牛奶、植物和动物甲状腺中^{131}碘的分析方法
95	HJ 969—2018	核电厂运行前辐射环境本底调查技术规范
96	HJ 972—2018	移动通信基站电磁辐射环境监测方法
97	HJ 1009—2019	辐射环境空气自动监测站运行技术规范
98	HJ 1037—2019	核动力厂取排水环境影响评价指南（试行）
99	HJ 1056—2019	核动力厂液态流出物中^{14}C 分析方法—湿法氧化法
100	HJ 1112—2020	环境影响评价技术导则 广播电视
101	HJ 1113—2020	输变电建设项目环境保护技术要求
102	HJ 1114—2020	伴生放射性物料贮存及固体废物填埋辐射环境保护技术规范（试行）
103	HJ 1126—2020	水中氚的分析方法
104	HJ 1129—2020	就地高纯锗谱仪测量土壤中 γ 核素技术规范
105	HJ 1135—2020	环境影响评价技术导则 卫星地球上行站
106	HJ 1148—2020	伴生放射性矿开发利用项目竣工辐射环境保护验收监测报告的格式与内容

续表

序号	标准号	标准名称
107	HJ 1149—2020	环境空气　气溶胶中γ放射性核素的测定 滤膜压片/γ能谱法
108	HJ 1151—2020	5G 移动通信基站电磁辐射环境监测方法（试行）
109	HJ 1152—2020	建设项目竣工环境保护验收技术规范 广播电视
110	HJ 1155—2020	辐射事故应急监测技术规范

第六章　政策规划

第一节　概况

1. 核安全规划

新中国成立以来，根据宪法的规定我国实行国民经济与社会发展规划与计划的方针。自1953年我国编制了第一个国民经济与社会发展五年计划以来，先后共编制了十四次五年国民经济与社会发展规划（或计划）。《核安全与放射性污染防治“十二五”规划及2020年远景目标》的出台是在日本福岛核事故后紧急出台的，是我国核安全领域的第一部国家级专项规划，2012年9月获国务院批复，同年10月由原环境保护部（国家核安全局）、国家发展和改革委员会、财政部、国家能源局、国家国防科技工业局联合发布。2017年2月，《核安全与放射性污染防治“十三五”规划及2025年远景目标》获国务院批复。2017年9月1日颁布的《中华人民共和国核安全法》规定：“国务院核安全监督管理部门会同国务院有关部门编制国家核安全规划，报国务院批准后组织实施”，以法律的形式固化了核安全规划编制工作机制。2020年，是“十三五”收官之年，也是“十四五”谋篇布局之年，生态环境部（国家核安全局）组织开展了《核安全与放射性污染防治“十四五”规划及2035年远景目标》（以下简称“规划”）编制工作，及《核安全与放射性污染防治“十三五”规划及2025年远景目标》终期评估工作。

2. 核安全政策

核与辐射安全政策研究作为新时期我国核安全监管的常规工作，对核与辐射安全相关的重大议题政策、经济政策、法律政策、国际政策、体制改革和监管机制等开展调查和研究，为管理和决策提供决策建议和科学依据。2020年是不平凡的一年，中美贸易摩擦逐渐从贸易领域向科技和全球影响力领域延伸，我国新冠肺炎疫情得到有效控制但疫后影响仍然存在。2020年政策研究工作重点围绕国内外核安全形势趋势和国际热点事件开展跟踪研究，以我国核安全治理体系和治理能力现代化研究为主线，总结借鉴新冠疫情防控的成功经验，并针对相关专题编制了深度研究报告。

第二节　规划制定与执行情况

1. 核安全“十四五”规划制定进展

2020 年，中心政策法规研究所规划编制团队在生态环境部（国家核安全局）的领导下，在巩固转化 2019 年前期研究基础上，开展《核安全与放射性污染防治“十四五”规划及 2035 年远景目标》编制工作。2020 年 2 月编制形成《核安全与放射性污染防治“十四五”规划及 2035 年远景目标》基本思路。同年 3 月至 4 月，中心总工团队、首席专家和各业务领域技术人员分别围绕核燃料循环、放射性废物处置、核技术利用、核安全科技研发电、等方面开展专题研讨。4 月至 5 月，组织收集核电安全监管司、辐射源安全监管司、国际合作司、各地区监督站、辐射环境监测技术中心等有关单位意见，广开言路听取意见建议。同时，邀请中国核能行业协会、中国工程物理研究院，中国核工业集团公司、中国广核集团公司、国家电力投资集团公司、清华大学等多家单位 50 余位专家参与《规划》思路研究，进一步完善《规划》思路。6 月中旬，《规划》基本思路通过部长专题会专题审议，确立了“十四五”时期我国核安全与放射性污染防治工作的总体方向以及《规划》的总体架构。6 月下旬至 7 月，组织召开第一次《规划》集中编写会议，开展《规划》初稿编制和重点领域调查论证，形成《规划》初稿以及支撑性材料。7 月，组织征求生态环境部内相关司局、各地区监督站和技术支持单位意见。8 月至 9 月，组织针对目标指标和重点工程逐项开展论证，逐项明确指标内涵、历史变化、选取理由和测算依据，逐项明确重点工程前期进展、总体考虑、建设布局、投资测算和实施建议，提高规划指标的代表性、科学性。10 月至 12 月，根据党的十九届五中全会精神完善《规划》架构和内容，组织内部编写、专项调研和专家座谈，并与生态环境保护、国家安全有关规划做好衔接。2021 年 1 月至 2 月，首次征求地方生态环境部门、涉核企事业单位意见，第二次征求生态环境部内相关司局、各地区监督站和技术支持单位意见。2021 年 3 月，根据全国“两会”精神修改完善《规划》，并将规划提交核安全与环境专家委员会审议。2021 年 5 月份完成部外征求意见并开始报批稿的编制，力争 7 月左右将规划报批稿上报国务院并完成五部委联合发布（见图 31）。

2. 核安全“十三五”规划目标指标完成情况

《核安全与放射性污染防治“十三五”规划及 2025 年远景目标》完成了 10 项重点任务、6 项重点工程和 8 项保障措施，开展工程项目 400 余项，完成投资 189 亿元。全面实现六方面 20 项目标和 8 项具体指标，主要包括：运行核电机组每堆年发生运行事件数量低于 3 起，满足每堆年发生运行事件小于 5 起的规划指标；未发生三级及以上核事件或事故；我国放射源事故平均发生率约为每年 0.38 起/万枚，满足低于 1.5 起/万枚的规划指标；实现废旧放射源 100%安全收贮；核电省份达到 2 小时内划定核事故污染区域的规划

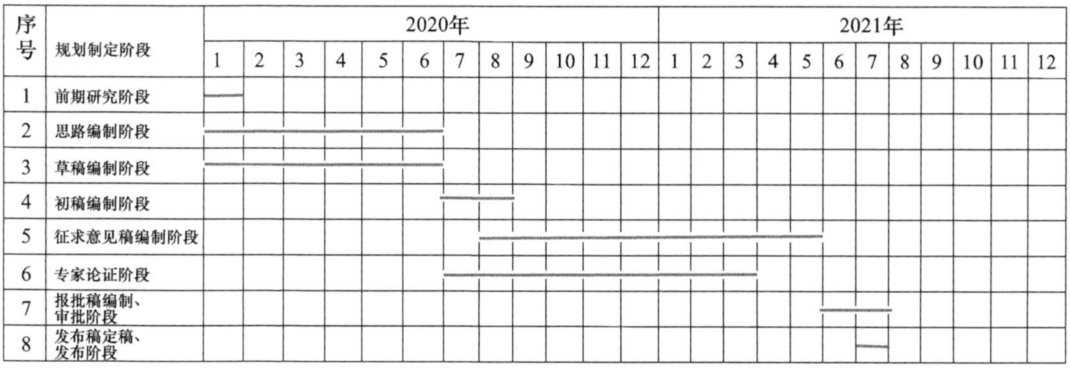

图 31　核安全“十四五”规划制定进展图

指标；国控大气辐射自动监测站数量完成 500 个指标要求。通过实施《核安全与放射性污染防治“十三五”规划及 2025 年远景目标》，我国核电厂安全保持国际先进水平，其他核设施与核技术利用装置安全风险不断降低，放射性污染防治稳步推进，辐射环境质量保持良好，未发生重大放射性环境污染事件，事故预防、安全保卫、应急响应、科技研发和安全监管能力全面提升，法律法规、政策配套、体制机制、人才队伍、精神文化、公众沟通、国际合作等更加健全，核安全、环境安全、公众和从业人员健康得到有力保障（见图 32）。

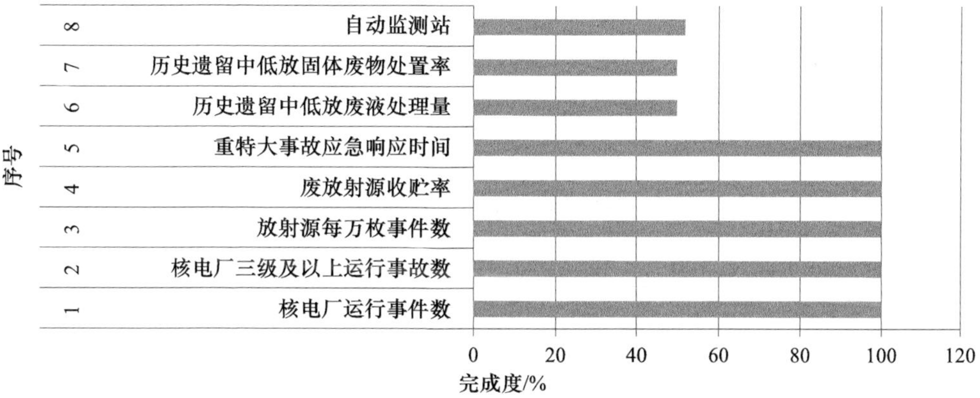

图 32　核安全“十三五”规划目标指标完成情况图

3. 核安全“十四五”地方规划制定情况

2020 年，全国 31 个省（自治区、直辖市）、新疆生产建设兵团按照《核安全法》《放射性污染防治法》编制了核与辐射安全相关规划，其中 21 个省级政府根据本省核安全与辐射环境基本情况计划开展核安全专项规划编制，11 个省级政府在省级生态环境保护规划中设置了核与辐射安全章节，基本形成了国家、地方政府、企事业单位三级核与辐射安全规划体系（见图 33）。

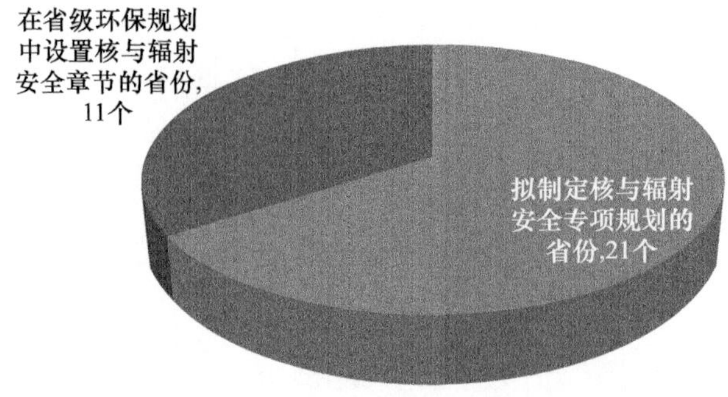

图 33　核安全“十四五”地方规划制定情况

第三节　政策研究工作

1. 核安全形势跟踪研究

开展新时期核安全形势分析和研判，针对新时期国内外核安全形势、核领域存在的风险提出应对策略和政策建议；开展 2020 年我国核与辐射安全监管形势分析，主要从我国核与辐射监管的基本现状和形势、面临的问题与挑战开展分析，并提出对策与建议；负责核安全形势研判及对应策略研究报告中我国近期政策及动态部分的编制，对我国目前核安全形势、政策法规现状和制订开展分析研究。

2. 疫后综合征对核安全的影响研究

2020 年新冠肺炎疫情在全球突然爆发，在国际上造成贸易和人员阻断，对我国产业链供应链安全及民众和从业人员心理造成潜在影响，研究对国内外疫情发展及现状开展分析，提出了疫后综合症对我国核安全的若干影响因素，并对其中的七个影响因素进行展开分析，提出了八个方面的应对建议，完成《关于疫后综合征及对核安全潜在影响的政策研究》报告。

3. 核安全治理体系和治理能力现代化研究

为落实生态环境部办公厅《“推进核安全治理体系和治理能力现代化建设年”活动方案》通知，开展核安全治理现代化相关政策研究，在全行业开展国家核安全治理体系和治理能力现代化问卷调查，在充分考虑行业反馈的基础上，撰写核安全治理现代化主题研究报告 5 份，包括《核安全治理组织体系协同努力推进核安全治理现代化》《构建现代核安全治理体系的指导意见（草案）》《国家核安全治理体系与治理能力现代化的若干挑战及对策》《国家核安全治理现代化研究》等。

4. 核电行业违规造假防控研究

开展核电行业违规造假防控专题研究，编制《国际核电行业违规造假防控研究报告》，在充分调研美国、韩国、法国、英国、加拿大等国的防控实践以及 IAEA、OECD/NEA 等国际组织的防控建议的基础上，对加强我国核电违规造假防控策略提出了具体建议。多部门联合开展研究并制定《民用核安全设备造假防控监督管理要求》（规范性文件）初稿及编制说明。

5. 国际热点事件跟踪研究

2020 年，中美贸易摩擦已经从贸易领域向科技领域和全球影响力领域的斗争演变。美国参议院共和党和民主党高票通过《核能领导法案》，强调中国对美国核技术领域全球影响力已构成威胁，计划通过立法推动美国国内新型核燃料的研究和工程应用。为进一步研究美国核政策动态，2020 年编制完成《美国<核能领导法案>研究》报告。针对美国大选期间特朗普政府失利、新一届政府即将上台，分析研究美国不同党派核政策及对我国影响并完成研究报告。

6. 核安全年报和相关报告编制

开展《国家核安全局 2019 年报》的技术支持工作，完成了资料汇编、征求意见处理、英文年报翻译和审校、组织召开专家审查会等工作。目前已完成中文版和英文版印刷和网上发布。完成核安全中心成立三十周年活动文集寄语《不忘初心 牢记使命 为核安全保驾护航》、核电经验反馈大会《2020 年度核电厂及研究堆经验反馈政策研究报告》等报告编制工作。

7. 核与辐射安全政务信息编制

为借鉴 2020 年我国疫情防控的成功经验，完善我国核安全联防联控机制和应急体系建设，完成主题政务信息 5 篇，包括《从核安全角度谈国家公共卫生应急体系建设》《新冠肺炎疫情对核能核安全带来新的机遇》《关于利用制度优势加强核安全的建议》等。

8. 开展政策宣贯和法规宣贯工作

开展相关核与辐射安全政策文件的宣贯工作。向核电厂营运单位宣贯“《中国的核安全》白皮书”“违规造假防控”，疫情期间开展线上授课“核安全文化内涵与实践”等。

第七章　核安全文化

第一节　概况

中国核电起步虽晚，但对核安全文化却十分关注和重视，并较早地将“核安全文化”这一理念引入到国内。《核设施的安全监督》（HAF001/02—1995）第九条规定，现场核安全监督员是核安全监督的执行人员，其具体职责为“向核设施营运单位及有关单位和人员宣传国家核安全政策和法规，并监督其执行法规和贯彻核安全文化的情况。”除此之外，核与辐射法律法规还分别对核设施的设计单位、营运单位、以及从事放射性废物管理的个人和组织在核安全文化方面的要求做出了相应规定。

在参考国际核能组织和核能大国核安全文化监管实践的基础上，国家核安全局一方面鼓励核能和核技术利用单位积极开展核安全文化培育和建设活动；另一方面，国家核安全局也在不断探索和实践核安全文化监督的方式方法，以促进我国核与辐射安全水平的持续提升。

第二节　核安全文化的法律法规要求

中国的核与辐射安全法律法规分别对现场核安全监督、核动力厂的设计单位、营运单位以及从事放射性废物管理的个人和组织在核安全文化方面做出了要求，详见表 49。2017 年颁布的《中华人民共和国核安全法》更将核安全文化的要求在法律层面加以明确和强化。

表 49　核安全文化法律法规要求

序号	名称	内容
1	《中华人民共和国核安全法》	第九条　国家制定核安全政策，加强核安全文化建设。国务院核安全监督管理部门、核工业主管部门和能源主管部门应当建立培育核安全文化的机制。核设施营运单位和为其提供设备、工程以及（服务等的单位应当积极培育和建设核安全文化，将核安全文化融入生产、经营、科研和管理的各个环节

续表

序号	名称	内容
2	核设施的安全监督（HAF001/02—1995）	第九条 现场核安全监督员是核安全监督的执行人员，其具体职责为：（一）向核设施营运单位及有关单位和人员宣传国家核安全政策和法规，并监督其执行法规和贯彻核安全文化的情况；[2] 84
3	核动力厂设计安全规定（HAF102—2016）	第3.3.4条规定，“全面负责设计过程的部门必须保证核动力厂设计满足安全性、可靠性和质量方面的验收准则。这些准则符合相关的法律法规和标准规范必须建立并明确工作范围和职责，以保证： “（1）…… “（2）持续保证设计安全的方式包括设计验证、确定工程规范和标准及要求、采用经验证的工程实践、提供建造经验反馈、批准重要工程文件、开展安全评价和保持安全文化；”
4	核动力厂运行安全规定（HAF103—2004）	2.1.13 营运单位必须保证定期审查核动力厂的运行情况，其目的在于强化安全意识及提高安全文化水平，遵守为增强安全而制定的规定，及时更新文件并防止过分自信和自满的情绪。实际可行时，必须采用适宜的客观的业绩评价方法。核动力厂运行管理者必须获得定期审查结果并采取恰当的纠正措施
5	放射性废物安全监督管理规定（HAF401—1997）	4.3 安全文化 4.3.1 安全文化要求从事放射性废物管理的个人和组织对安全具有献身精神和责任感。负责放射性废物管理活动的领导和组织应建立和执行利于促进安全文化的制度和程序。 4.3.2 提高安全意识的责任，主要由各组织的高层管理人员承担。所有从事放射性废物管理的组织都应制订和执行有关安全的规章和审查程序，以确保建立和使用正确的方法，形成和保持安全意识。应该制订和执行强调安全重要性和个人行为要求的员工培训大纲
6	《电离辐射防护与辐射源安全基本标准》GB 18871—2002	4.4.1 安全文化素养 应培植和保持良好的安全文化素养，鼓励对防护与安全事宜采取深思、探究和虚心学习的态度并反对固步自封，保证……

中国已加入的《核安全公约》和《乏燃料管理安全和放射性废物管理安全联合公约》中，均承诺“在世界范围内促进有效的核安全文化”。此外，《核动力厂基于计算机的安全重要系统软件（HAD102/16—2004）》《核动力厂人员的招聘、培训和授权（HAD103/05—2013）》《核动力厂营运单位的组织和安全运行管理（HAD103/06—2006）》《核动力厂定期安全审查（HAD103/11—2006）》《研究堆的应用和修改（HAD202/03—1996）》《研究堆维修、定期试验和检查（HAD202/06—2010）》《研究堆堆芯管理和燃料装卸（HAD202/07—2012）》《乏燃料贮存设施的运行（HAD301/03—1998）》《γ辐照装置退役（HAD401/07—2013）》《民用核安全设备安装许可证申请单位技术条件（试行）HAD601/02—2013》等核安全导则也对核安全文化进行了规定。

第三节　国家核安全局的倡议

2015 年 1 月，国家核安全局、国家能源局和国防科工局共同发布了《核安全文化政策声明》，这是中国政府关于核安全文化的首个政策声明。声明阐明了对核安全文化的基本态度，以及培育和实践核安全文化的原则要求。

为贯彻国家安全战略，履行国家核安全责任和国际核安全义务，落实《中华人民共和国核安全法》的要求以及《核安全文化政策声明》的倡议，国家核安全局于 2017 年 2 月发布了《核安全文化特征》（NNSA-HAJ-1001—2017）。该文件将《核安全文化政策声明》中阐明的 8 大原则细化为 36 个属性和 153 个良好实践举例。《核安全文化特征》既体现了监管部门所倡导的良好行为方式，是《核安全文化政策声明》的细化支撑文件，也是行业核安全文化建设的工作指南，是国内核设施开展核安全文化评估活动的主要依据。

2018 年 2 月，四部委又联合发布了《关于进一步加强核电运行安全管理的指导意见》，进一步提出了加强核安全文化建设的两点要求。

2020 年 12 月，国家能源局和生态环境部联合发布了《关于加强核电工程建设质量管理的通知》，针对近年来影响核电工程质量的问题，从落实核电工程质量责任制，加强工程建设过程质量管理，发挥现代信息化技术在核电建设管理中的作用等方面进行了阐述，并在“加强核安全文化建设”方面提出了三个方面的要求和措施（见表 50）。

表 50　已发布的核安全文化部门规章文件

序号	名称	发布部门	发布时间
1	《核安全文化政策声明》	国家核安全局 国家能源局 国防科工局	2015 年 1 月
2	《核安全文化特征》 （NNSA-HAJ-1001-2017）	国家核安全局	2017 年 2 月
3	《关于进一步加强核电运行安全管理的指导意见》	国家发展改革委 国家能源局 生态环境部 国防科工局	2018 年 5 月

第四节　核安全文化监督检查与评估

2014年9月至2015年8月，国家核安全局组织开展了为期一年的核安全文化宣贯推进专项行动。这是我国核工业发展60年来的首次以核安全文化为主题的专项行动，也是国家核安全局成立31年来由监管机关主导推动的第一个专项行动，具有里程碑式的意义。宣贯活动后，国家核安全局又开展了“核与辐射安全风险排查活动”，其主要内容之一是核安全文化“回头看”（见表51）。

表51　核安全文化专项行动

序号	时间	名称	检查范围
1	2014年9月至2015年8月	核安全文化宣贯推进专项行动	• 覆盖核能与核技术利用领域全体持证单位 • 覆盖各持证单位所有骨干人员
2	2016年6月至9月	核与辐射安全风险排查活动	• 30家民用核安全设备活动单位 • 3家核设施营运单位 • 4家民用核安全设备焊工考核中心 • 2家民用核设备无损检验人员考核中心

随着《核安全文化特征》的发布，国家核安全局提出了核安全文化评估试点的工作构想，明确了重点创建、先试先行、持续改进的工作方针。2016年至2017年间，华南核与辐射安全监督站与核与辐射安全中心组成的联合检查团队先后对台山、阳江和昌江核电厂进行了核安全文化检查试点工作。此外，华东、华北、东北等核与辐射安全监督站也分别对辖区的核电厂和民用核安全设备持证单位开展了核安全文化专项监督检查和试评估活动。

2020年期间，在疫情防控不容松懈，各行各业复工复产加快推进的背景下，核与辐射安全各监督站通过专题核安全文化培训宣讲、现场监督检查等方式，不断压实持证单位的核安全全面责任，强化工程总承包单位、设计单位、施工单位、监理单位管理人员的核安全文化意识。

第八章　对外合作

第一节　概况

2020 年，国家核安全局落实习近平外交思想和核安全峰会倡议，践行“理性、协调、并进”的核安全观，积极参与全球核安全治理，分享核安全监管经验，有力支撑我国核安全监管体系推广。

1. 持续推动多边合作

与国际原子能机构合作方面。生态环境部副部长、国家核安全局局长刘华成功竞选国际原子能机构副总干事。

9 月，生态环境部副部长、国家核安全局局长刘华出席国际原子能机构核安全监管高官视频会议，与各国分享疫情期间我国核与辐射安全监管措施和监管经验。

派员参加国际原子能机构重要机制和法规标准制修订工作，包括安全标准委员会会议、核安全标准委员会会议、全球核安全与安保网络指导委员会会议、监管合作论坛指导委员会会议、国际原子能机构核安全法规标准讲座等。推荐人员继续担任国际原子能机构安全标准委员会委员、全球核安全和安保网络指导委员会成员、辐射安全信息管理系统国家联络员等。组织申报国际原子能机构 2022—2023 年技术合作项目。组织参加机构各类机制性会议和活动。

与经合组织核能署合作方面。10 月，生态环境部副部长、国家核安全局局长刘华率团出席核电厂多国设计评价机制（MDEP）第十四次政策组视频会议，听取了机制及各工作组上一年度工作报告，并就机制未来发展以及第五届机制大会等事宜进行讨论。

有序推进核电厂多国设计评价机制第五届大会筹备工作。组织参加机制下技术指导委员会会议、华龙一号工作组、VVER 工作组、EPR 工作组及其专家子组会议，多层次参与机制主要活动。

2. 履行国际公约义务

2 月，生态环境部副部长、国家核安全局局长刘华出席《核安全公约》第八轮履约国内履约情况视频汇报会。

《核安全公约》第八轮履约工作稳步开展。跟踪公约秘书处及各缔约方信息，及时向主席团反馈中方意见，筹备不限名额工作组谈判。

《乏燃料管理安全和放射性废物管理安全联合公约》第七轮履约有序推进，国家报告经国务院批准后提交国际原子能机构。派员参加联合公约缔约方第七次审议会议的组织会议、审议会议官员交接会议。我国两名人员担任联合公约第七次审议会议官员。

3. 持续巩固双边合作

11 月，生态环境部副部长、国家核安全局局长刘华以视频形式会见阿联酋联邦核监管局局长克里斯特·维克托森。双方就核安全监管最新进展、核与辐射安全法规体系以及核安全监管合作等内容交换意见。

稳步推进与核能发达国家核安全合作。出席中俄总理定期会晤委员会核问题分委会第二十四次视频会议、中美和平利用核能第五工作组会议、中英核安全技术研讨等会议。

加强与“一带一路”国家核安全合作。组织在京召开中阿（联酋）核安全监管研讨会，与巴基斯坦核监管局续签双边协议，派员参加第二次中泰和平利用核能联委会会议。

保持与周边国家核安全合作。出席中日韩核安全监管线上信息交流会，交流核安全最新进展及福岛核电厂废水排放等议题。我部一人获日本文部科学省核研究学者项目资助。

4. 妥善应对疫情影响

对外开展援助，展现友好形象。全球疫情初期，向美国、法国、西班牙、意大利、英国等国的核安全监管部门主要负责人，以及经合组织核能署总干事、国际原子能机构相关负责人等致以问候，了解各国疫情期间的核安全监管情况，并向部分国家援助防疫物资，获得国际同行感谢。

及时跟踪疫情动态，共享疫情监管经验。跟踪国际原子能机构、经合组织核能署等国际组织关于核与辐射安全领域疫情动态信息，保持与美国、法国、俄罗斯、英国、巴基斯坦、日本、韩国、德国等核安全监管部门联络沟通，利用视频会议等积极与国际同行共享疫情应对措施和良好经验，关注、分析并妥善应对疫情影响。

对外合作具体事项如表 52 至表 56 所示。

表 52　对外合作活动情况（截至 2020 年 12 月 31 日）

合作对象	合作活动次数
国际组织	45
双边	19
多边	1
区域	1

表 53　与国际组织合作活动列表

国际组织	合作活动内容	执行方	日期
国际原子能机构（IAEA）	国际会议-刘华副部长出席国际原子能机构核安全监管高官视频会议	国家核安全局	2020 年 9 月
IAEA	国际会议-《乏燃料管理安全和放射性废物管理安全联合公约》缔约方第七次审议会议组织视频会议	国家核安全局	2020 年 9 月
IAEA	国际会议-IAEA 先进堆事故管理技术视频会议	国家核安全局	2020 年 8-9 月
IAEA	国际会议-IAEA 监管合作论坛全体视频会议	国家核安全局	2020 年 9 月
IAEA	国际会议-IAEA 全球核安全与安保网络指导委员会视频会议	国家核安全局	2020 年 9 月
IAEA	国际会议-TC 技术合作计划中国项目会议	生态环境部核与辐射安全中心	2020 年 9 月
IAEA	国际会议-IAEA 与核安全局签署实际协议落实计划讨论会	生态环境部核与辐射安全中心	2020 年 9 月
IAEA	国际会议-IAEA 工业中天然存在的放射性物质管理国际会议	国家核安全局	2020 年 10 月
IAEA	国际会议-国际退役完成项目第三次技术会议	生态环境部核与辐射安全中心	2020 年 10 月
IAEA	国际会议-IAEA 国际运行经验报告系统国家协调员技术会议	生态环境部核与辐射安全中心	2020 年 10 月
IAEA	国际会议-IAEA 国际退役完成项目第三次技术会议	生态环境部核与辐射安全中心	2020 年 10 月
IAEA	培训活动-IAEA 严重事故管理导则培训讲习班	生态环境部核与辐射安全中心	2020 年 10 月
IAEA	国际会议-IAEA 小型反应堆监管者论坛	国家核安全局	2020 年 11 月
IAEA	国际会议-IAEA 安全标准委员会（CSS）第 48 次视频会议	国家核安全局	2020 年 11 月
IAEA	国际会议-IAEA 核安全标准委员会（NuSSC）第 50 次视频会议	国家核安全局	2020 年 11 月
IAEA	国际会议-IAEA 监管合作论坛指导委员会会议及欧盟支持会议	国家核安全局	2020 年 11 月
IAEA	国际会议-IAEA 小型模块化反应堆安全导则适用性咨询会议	生态环境部核与辐射安全中心	2020 年 11 月

续表

国际组织	合作活动内容	执行方	日期
IAEA	国际会议-《乏燃料管理安全和放射性废物管理安全联合公约》审议会议官员交接视频会议	国家核安全局	2020 年 11 月
IAEA	国际会议-IAEA 协调研究项目“建立现象识别与排序表和验证矩阵，并对熔融物堆内滞留进行基准测试”的筹备会议	生态环境部核与辐射安全中心	2020 年 11 月
IAEA	国际会议-IAEA 铀生产和放射性物质安全管理论坛技术会议	国家核安全局	2020 年 12 月
IAEA	国际会议-铀生产和放射性物质安全管理论坛技术会议	国家核安全局	2020 年 12 月
IAEA	其他活动-IAEA 核安全法规标准讲座	国家核安全局	2020 年 12 月
经合组织核能署（NEA）	国际会议-刘华副部长出席多国设计评价机制政策组视频会议	国家核安全局	2020 年 10 月
NEA	国际会议-国际材料资源合作研讨会和材料完整性延寿项目专家会	国家核安全局	2020 年 1 月 法国
NEA	国际会议-核电厂多国设计评价机制 EPR 第 26 次工作组会议	国家核安全局	2020 年 5 月
NEA	国际会议-国际标准题 ISP-51 第二次工作视频会议	生态环境部核与辐射安全中心	2020 年 6 月
NEA	国际会议-核电厂多国设计评价机制 VVER 工作组视频会议	国家核安全局	2020 年 6 月
NEA	国际会议-核电厂多国设计评价机制华龙一号工作组第五次视频会议	国家核安全局	2020 年 7 月
NEA	国际会议-核电厂多国设计评价机制华龙一号工作组内外部灾害技术专家子组第 3 次视频会议	生态环境部核与辐射安全中心	2020 年 7 月
NEA	国际会议-核电厂多国设计评价机制华龙一号工作组严重事故子组第 3 次视频会议	国家核安全局 生态环境部核与辐射安全中心	2020 年 7 月
NEA	国际会议-核电厂多国设计评价机制技术指导委员会视频会议	国家核安全局	2020 年 9 月
NEA	国际会议-核电厂多国设计评价机制严重事故子组第 13 次视频会议	生态环境部核与辐射安全中心	2020 年 9 月
NEA	国际会议-核电厂多国设计评价机制 VVER 工作组视频会议	国家核安全局	2020 年 9 月

续表

国际组织	合作活动内容	执行方	日期
NEA	国际会议-核电厂多国设计评价机制 VVER 工作组视频会议	国家核安全局	2020 年 10 月
NEA	国际会议-核监管活动委员会数字化仪控工作组第 5 次视频会议	生态环境部核与辐射安全中心	2020 年 10 月
NEA	国际会议-运行经验工作组会议	生态环境部核与辐射安全中心	2020 年 10 月
NEA	国际会议-核电厂多国设计评价机制 VVER 工作组严重事故子组第 14 次会议	生态环境部核与辐射安全中心	2020 年 11 月
NEA	国际会议-核电厂多国设计评价机制华龙一号工作组第六次视频会议	国家核安全局	2020 年 11 月
NEA	国际会议-核电厂多国设计评价机制华龙一号工作组内外部灾害专家子组第 4 次会议	生态环境部核与辐射安全中心	2020 年 11 月
NEA	国际会议-核电厂多国设计评价机制华龙一号工作组严重事故子组第 4 次会议	生态环境部核与辐射安全中心	2020 年 11 月
NEA	国际会议-核电厂多国设计评价机制 VVER 工作组第 15 次会议	国家核安全局	2020 年 11 月
NEA	国际会议-第 44 次核监管活动委员会会议和第 68 次核设施安全委员会会议	国家核安全局	2020 年 11 月
NEA	国际会议-核电厂多国设计评价机制 EPR 第 27 次工作组会议	国家核安全局	2020 年 12 月
NEA	国际会议-国际标准题 ISP-51 第三次工作会议	生态环境部核与辐射安全中心	2020 年 12 月
国际放射防护委员会	国际会议-国际放射防护委员会（ICRP）第 4 委员会	国家核安全局	2020 年 10-12 月

表 54　双边合作活动列表

国别	合作活动内容	执行方	日期
法国	国际会议-2020 年堆内熔融物滞留技术国际研讨会	生态环境部核与辐射安全中心	2020 年 1 月法国
法国	国际会议-中法后处理联合研究中心进展视频会	生态环境部核与辐射安全中心	2020 年 3 月
法国	国际会议-中法后处理联合研究中心临界安全专题计划研讨会	生态环境部核与辐射安全中心	2020 年 12 月
法国	其他活动-对漳州、防城港项目核安全设备设计制造活动视频监督检查	国家核安全局法国威兰公司	2020 年 11 月

续表

国别	合作活动内容	执行方	日期
法国	其他活动-对漳州核电 1E 级电气设备开展线上视频监督	国家核安全局法国伯纳德公司	2020 年 12 月
美国	国际会议-中美 PUNT 第五工作组视频商谈会	国家核安全局美国能源部	2020 年 9 月
美国	国际会议-美国核管会反应堆程序应用与维护计划 CAMP 会议	生态环境部核与辐射安全中心美国核管制委员会	2020 年 11 月
美国	国际会议-中美 PUNT 第五工作组视频商谈会	国家核安全局美国能源部	2020 年 11 月
美国	国际会议-中美 PUNT 第五工作组系列视频商谈会	国家核安全局美国能源部	2020 年 12 月
美国	国际会议-中美 PUNT 第五工作组 2020 年年会	国家核安全局美国能源部	2020 年 12 月
俄罗斯	其他活动-对田湾 7、8 号机组反应堆压力容器制造活动进行视频监督检查	国家核安全局 俄罗斯核动力机械制造工艺工程股份公司	2020 年 10 月
俄罗斯	其他活动-对田湾 7、8 号和徐大堡 3、4 号机组民用核安全设备设计活动远程视频监督检查	国家核安全局 俄罗斯水压机设计院	2020 年 11 月
俄罗斯	国际会议-中俄总理定期会晤委员会核问题分委会第二十四次会议	国家核安全局 俄罗斯工业、环境与核能监督局	2020 年 11 月
韩国	国际会议-中韩核安全技术合作项目视频会议	生态环境部核与辐射安全中心 韩国核安全研究院	2020 年 9 月
日本	国际会议-核电厂系统设备及构筑物力学性能研讨会	生态环境部核与辐射安全中心 日本原子能研究开发机构	2020 年 12 月
巴基斯坦	国际会议-中巴项目进展及技术支持工作层视频会议	生态环境部核与辐射安全中心 巴基斯坦核监管局	2020 年 9 月
阿联酋	双边会见-刘华副部长视频会见阿联酋联邦核监管局局长克里斯特·维克托森	国家核安全局 阿联酋联邦核监管局	2020 年 11 月
阿联酋	国际会议-中阿（联酋）核安全监管研讨会	生态环境部核与辐射安全中心 阿联酋联邦核监管局	2020 年 1 月 北京
泰国	国际会议-和平利用核能合作联合委员会第二次会议	国家核安全局	2020 年 1 月 泰国

表 55　多边合作活动列表

合作方	合作活动内容	执行方	日期
NEA 加拿大	国际会议-新技术 监管跨领域研讨会	生态环境部核与辐射安全中心经 合组织核能署加拿大核安全委员会	2020 年 12 月

表 56　区域合作活动列表

合作方	合作活动内容	执行方	日期
中日韩	中日韩核安全监管 线上信息交流会	国家核安全局 日本原子力规制委员会 韩国核安全与核安保委员会	2020 年 11 月

第二节　出访来访情况

出访来访情况如表 57 所示。

表 57　出访来访情况统计

年度	出访团组数	出访人次	邀请来华团组数	来华人数
2013	65	189	/	58
2014	57	156	/	213
2015	79	168	18	103
2016	78	152	26	104
2017	78	186	21	98
2018	85	223	24	86
2019	83	265	25	114
2020	2	5	1	4

第三节　联约提问情况

联约提问情况如表 58、表 59 所示。

表 58　四次联约对中国国家报告提问统计（按主题分类）

按类别与主题统计	2009 年第 3 次联约	2012 年第 4 次联约	2015 年第 5 次联约	2018 年第 6 次联约
总计	96	84	75	
立法与监管	18	17	5	13
标准	7	15	1	
厂址相关			2	
公众参与	4	5	5	10
经验反馈	1	2		
人力保证	3	3	2	2
财务保证	7	3	5	7
质量保证	4	2		1
应急准备	3			6
核燃料	3	1		
乏燃料	17	9		15
乏燃料安全管理			22	18
乏燃料后处理				
辐射防护				3
放射性废物管理	14	21	14	
超越国界运输	1	1	1	
放射源	8	4	2	11
其他	6	1	8	4
事故相关			2	
退役相关			6	4

表 59　四次联约对中国国家报告提问统计（按国别分类）

按国家统计	2009 年第 3 次联约	2012 年第 4 次联约	2015 年第 5 次联约	2018 年第 6 次联约
总计	96	84	75	105
英国	24	3	4	9
法国	13	8	7	7
加拿大	11	8	2	3
德国	10	3	3	6
美国	9	5	5	7
韩国	9	8	2	9
乌克兰	6	/	/	/
日本	5	38	6	5
立陶宛	4	/	/	/
罗马尼亚	2	/	2	1
保加利亚	2	1	1	/
俄罗斯	1	2	4	4
越南	/	/	12	4
意大利	/	/	11	/
捷克	/	/	7	1
澳大利亚	/	/	4	/
巴西	/	6	3	/
黑山	/	/	1	/
欧洲原子能委员会	/	/	1	10
比利时	/	2	/	2
芬兰	/	/	/	3
冰岛	/	/	/	3
挪威	/	/	/	7
南非	/	/	/	8
西班牙	/	/	/	3
瑞典	/	/	/	12
马其顿	/	/	/	1

第四节　公约提问情况

公约提问情况如表60、表61所示。

表60　最近四次公约对中国国家报告提问统计（按公约条款分类）

按公约条款	2011年第5次	2014年第6次	2017年第7次	2020年第8次
General 概要	21	19	50	68
Article 6 现有核电厂	5	7	7	18
Article 7 立法和监管框架	10	5	27	39
Article 8 监督管理机构	16	11	11	20
Article 9 核电厂许可证持有者责	5	0	2	4
Article 10 安全优先	8	7	7	18
Article 11 财政资源和人力资源	7	11	10	5
Article 12 人因	8	8	8	9
Article 13 质量保证	9	3	8	9
Article 14 安全评价与验证	18	14	15	35
Article 15 辐射防护	24	8	6	34
Article 16 应急准备	12	6	18	23
Article 17 选址	11	7	10	15
Article 18 设计与建造	22	8	8	36
Article 19 运行	21	11	7	17

表61　四次公约对中国国家报告提问统计（按国别分类）

按国家	2011年第5次	2014年第6次	2017年第7次	2020年第8次
日本	22	7	4	65
瑞典	7	0	0	42
加拿大	11	16	35	28
南非	18	0	0	22
阿根廷	0	0	8	20
意大利	0	0	0	16
韩国	12	27	18	15

续表

按国家	2011 年第 5 次	2014 年第 6 次	2017 年第 7 次	2020 年第 8 次
英国	9	9	15	12
印度	10	3	6	12
俄国	2	0	16	11
巴基斯坦	0	0	0	10
加纳	0	0	0	9
印度尼西亚	0	0	1	9
法国	20	13	9	9
奥地利	0	0	0	9
芬兰	14	19	7	8
土耳其	0	0	3	7
乌克兰	1	4	0	6
西班牙	2	0	3	6
欧盟	9	4	11	6
美国	11	8	6	5
越南	3	0	5	5
斯洛伐克	0	5	1	4
比利时	2	0	5	3
斯洛文尼亚	0	0	1	2
德国	18	3	6	2
捷克	1	1	3	2
卢森堡	1	0	0	2
泰国	0	0	0	1
匈牙利	5	2	4	1
冰岛	0	0	0	1
巴西	10	0	11	0
保加利亚	1	1	2	0
波兰	0	2	2	0
瑞士	4	0	8	0
阿联酋	4	0	4	0
罗马尼亚	0	1	0	0

第九章　信息公开与公众沟通

第一节　概况

自 2020 年 1 月 1 日至 2020 年 12 月 31 日，国家核安全局网站共发布信息 2 804 篇，浏览量达 152 万次；英文网站共发布信息 14 篇；微信公众号共发布图文 1 198 篇，共 392 期，图文阅读量累计达 43 万次，关注人数 3.6 万人（同比增长 1 万人），转发量达 1.7 万次。

疫情期间，局网站和微信公众号发布国务院、生态环境部、核一司相关会议、领导讲话、政策文件、指示要求，发布核安全铁军疫情防控工作和抗疫事迹；两会期间，按照网信办要求，及时发布两会相关报道，并及时提交相关统计数据；“4·15”期间开展图文、视频征集活动，开设“守护核安全”图片故事和短视频专栏，以多样形式展现核安全铁军风采；全国防灾减灾日期间，按照司里下发工作单要求，集中发布防灾减灾相关科普知识；“六五”环境日期间，集中发布相关图文，介绍部里和各省厅开展的相关活动；年终开展“2020 年度核与辐射安全十大新闻”评选活动，得到社会公众的积极参与和专家学者的大力支持，收到投票答卷 2 000 余份，最终结合网民投票结果和专家学者评审意见，评选出了国内、国际十大新闻。

第二节　信息公开

2020 年，局网站“要闻动态”栏目浏览量最多，达 256 568 次；“业务工作”栏目次之，239 720 次；“政策文件”“组织机构”“专题专栏”“互动交流”栏目浏览量分别为 174 375、99 542、59 983、21 182 次。

总浏览量方面，2015—2020 年，局网站浏览量整体呈下降趋势，2020 年下降明显。究其原因主要是受疫情影响，工作活动受限，内容素材较少，网站更新频率降低。但局网站已于 2020 年 7 月完成升级改版，对此前版面设计老旧、栏目设置不合理、移动设备用户体验感较差等问题均进行了升级改造，相信会在一定程度上提升网站浏览量（见图 34）。

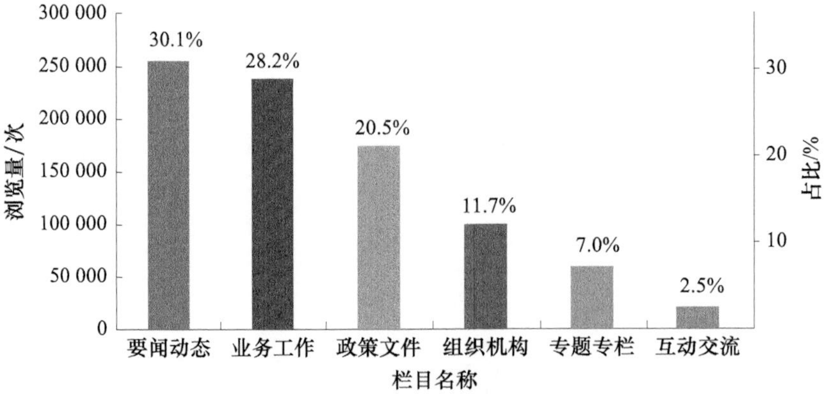

图 34　国家核安全局网站各栏目浏览量

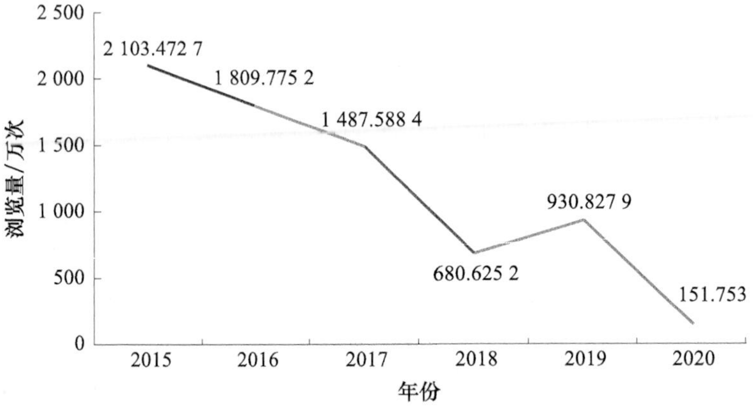

图 35　国家核安全局网站 2015—2020 年访问量走势

2020 年局网站访问用户中，北京访客最多，占总访客数的 26.79%。北京作为全国政治中心，核与辐射领域监管部门、科研机构、营运单位等集中度高，从业人员众多，关注度最高。其次是广东占 7.60%，山东占 6.27%，江苏占 6.25%，上海占 5.36%，浙江占 5.01%，具体如图 36 所示。

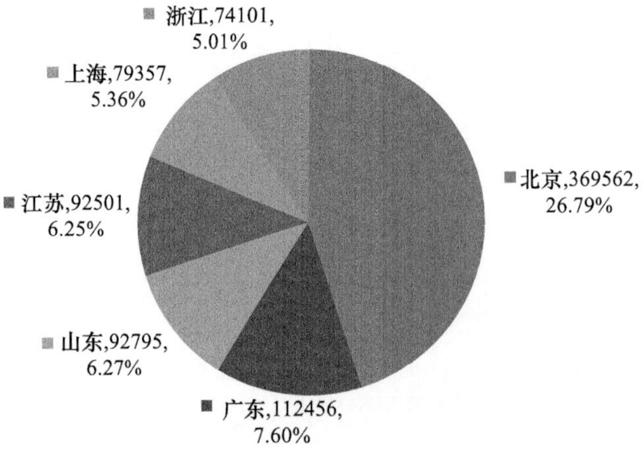

图 36　国家核安全局网站访问用户分布地区统计（前六名）

2020年局微信访问用户分布与局网站基本一致，唯一区别在于四川访客量跻进前六。其中，北京访客最多，占总访客数的13.27%；其次是广东占11.61%，山东占7.18%，江苏占6.55%，四川占5.84%，浙江占5.80%。具体如图37所示。

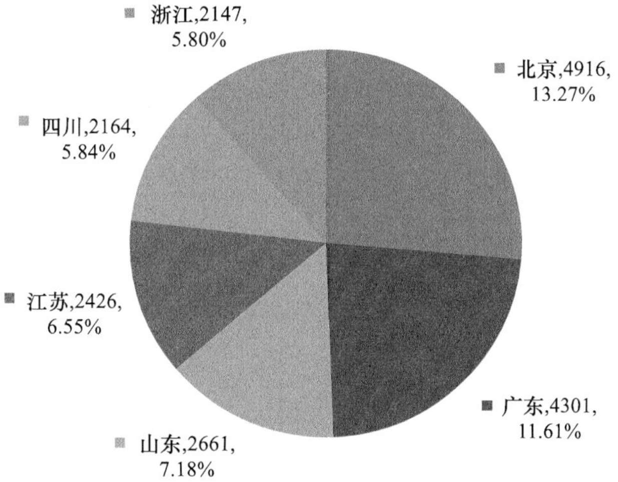

图37　国家核安全局微信访问用户分布地区统计（前六名）

第三节　公众沟通

公众沟通如表62所示。

表62　2020年公众沟通活动一览表

序号	活动主题	时间	活动形式
1	4·15国家安全教育日宣传	2020年4月	发布宣传海报、制作宣传展板